Alle Goldfische

und Schleierschwänze

All Goldfish

and Varieties

K. H. Bernhardt

Wir danken den nachfolgend aufgelisteten Spezialisten, Firmen, Züchtern und Aquarianern für die freundliche Überlassung ihrer Dias und für ihre Beratung, auch denen, die wir eventuell vergessen haben zu erwähnen:
We would like to thank the following specialists, companies, breeders and hobbyists for their advice and kindly letting us use their slides. We also thank all those we might have forgotten:

Tu Xu Sundries, Peking / Bejing; Mainland Tropical Fish Farm, Singapur; Two Birds Goldfish Farm, Burson, California; Burkhard Kahl; Alvin A. Lim; Hans J. Mayland; Peter Sicka; Bernhard Teichfischer; Frank Teigler; Frank Schäfer; Kenichi Yamawaki; Man Shek-hai; Yasuo Kobayashi.

Aquarium Glaser GmbH,
die uns von ihren wöchentlichen Importen immer Fische zum fotografieren zur Verfgung stellten / *for providing beautiful fish for our photographers from their weekly imports.*
***amtra* - Aquaristik GmbH,**
für die zur Verfügung gestellten Fotobecken und Hilfsmittel zum Testen / *for providing furnished aquaria and equipment for testing.*
Dr. med. vet. Markus Biffar,
Fachtierarzt für Fische / *fish veterinarian*

Die Deutsche Bibliothek - CIP-Einheitsaufnahme

Aqualog : reference fish of the world. -
Mörfelden-Walldorf : A.C.S.

Alle Goldfische und Schleierschwänze / All Goldfish and Varieties. 2001

Alle Goldfische und Schleierschwänze / All Goldfish and Varieties /K. H. Bernhardt. - Mörfelden-Walldorf : A.C.S.
(Aqualog)

NE: Bernhardt, K. H. (2001)

ISBN 3-931702-78-2

Rothwiesenring 5, 64546 Mörfelden-Walldorf / Germany

Text und fachliche Bearbeitung
Karl-Heinz Bernhardt

Übersetzungen
Shahnaz Durrani-Bernhardt

Organisation
Ulrich Glaser sen.

Redaktion
Frank Schäfer

Titelgestaltung:
Bettina Kirsch

Druck, Satz, Verarbeitung:
Lithos Verlag A.C.S.
Bildbearbeitung Frank Teigler
Layout: Bettina Kirsch

Societäts Druck, Mörfelden-Walldorf
Gedruckt auf Magnostar glänzend,

100% chlorfrei von PWA Umweltfreundlich

PRINTED IN GERMANY

Front Cover:
Verschiedene Fransenschwänze (photo: B. Kahl), Rotkappe (photo: F. Teigler / Archiv A.C.S.), Roter Fransenschwanz (photo: B. Teichfischer)

Back Cover:
Rotweiße Kometen (photo: B. Kahl), Fünffarbiger Schwalbenschwanz (photo: B. Teichfischer), Rotweiße Büffelköpfe (photo: B. Kahl)

Inhalt
Contents

	Seite		*page*
Allgemeines	**4**	**General**	**4**
Biologie	4	Biology	4
Kurze Geschichte der Goldfischzucht	4	Short History of Godfish Breeding	4
Exporte	5	Exports	5
Die verschiedenen Zuchtformen	**6**	**The Various Types**	**6**
Zuchtformen und ihr Entstehen	6	Varieties and Their Development	6
Herkunft der Zuchtformen	8	Origin of the Varieties	8
Die Zuchtmerkmale	9	The Characteristics	9
Die Unterscheidungsmerkmale	10	The Differentiation's Characteristics	10
Die Zuchtformen im Einzelnen	**17**	**The Individual Breed**	**17**
Karpfenförmige Goldfische	17	Carp-like Goldfish	17
eigentliche Goldfische	18	The Common Goldfish	18
Kometen	18	The Comet	18
Shubunkin	18	Shubunkin	19
Wen-yu förmige Goldfische	19	Wen-yu-like Goldfish	19
Einfache Wen-yu Goldfische	19	Plain Wen-yu Goldfish	19
Echte wen-yu Goldfische	20	True Wen-yu Goldfish	20
Hochköpfige Wen-yu Goldfische	22	High-headed Wen-yu Goldfish	23
Perlschupper	25	Pearl Scaled Goldfish	25
Eiförmige Goldfische	26	Egg-shaped Goldfish	26
Eierfische und Eierphönix	26	Eggfish and Egg-Phenix	26
Büffelköpfe und Ranchu	27	Lionheads and Ranchu	28
Blasenaugen	30	Bubble-eyes	30
Himmelsgucker	31	Celestials	31
Symbolerklärungen	32	Plates	33
Farbtafeln	33	Explanation of the symbols	157
Weiterführende Literatur	**158**	**Literature**	**158**

Allgemeines
General

ALLGEMEINES

Biologie

Der Goldfisch gehört zu den Karpfenfischen (*Cyprinidae*) und dort in die Gattung der Karauschen (*Carassius*), welche sich von den Karpfen durch die fehlenden Barteln unterscheiden. Er stammt von der chinesischen Goldkarausche, *Carassius auratus auratus* (LINNAEUS, 1758) ab. Gelegentlich bezeichnet man die Art auch als Goldgiebel. Genau so, nämlich *Carassius auratus auratus* lautet der wissenschaftliche Name für die verschiedenen Goldfisch-Haustierformen, da Zuchtformen nicht mit eigenen wissenschaftlichen Namen belegt werden.
Wie bei Karpfen und Goldkarausche sind beim Goldfisch die ersten Strahlen der Rückenflosse, so denn eine vorhanden ist, länger als die Strahlen der restlichen Flosse, die somit eine konkave Form hat. Von der eigentlichen Karausche, *Carassius carassius* (LINNÉ, 1758) lassen sich Goldfisch, Goldkarausche und Giebel (*C. a. gibelio*), die in Westeuropa heimische Unterart der Goldkarausche, sehr leicht an der Rückenflosse unterscheiden, da diese bei der Karausche keine Verlängerung im vorderen Bereich zeigt und somit konvex geformt der Rückenlinie folgt.
Die Wissenschaftler unterscheiden die Arten anhand der Zahl der sogenannten Kiemenrechen. Bei Goldfisch, Goldkarausche und Giebel sind es zwischen 37–54 und bei der Karausche 25–31.
Die enge Verwandtschaft von Karpfen und Giebel zeigt auch die mögliche Kreuzung der Arten untereinander. Eine Kreuzung zwischen Giebel oder Goldfisch und Karpfen (*Cyprinus carpio*) führt zu sterilen Nachkommen. Diese sehen wie ein Goldfisch aus, haben aber ein Paar Barteln und zwei Reihen Schlundzähne, während der Karpfen zwei Paar Barteln und drei Reihen Schlundzähne hat, der Giebel aber keine Barteln und nur eine Reihe Schlundzähne. Die Nachkommen einer Kreuzung zwischen Giebel und Karausche sind immer fertil, das heißt, sie können sich im Gegensatz zur ersten Kreuzung weitervermehren.

Kurze Geschichte der Goldfischzucht

Die ersten Berichte über Goldfische, oder besser gesagt über Goldgiebel, stammen aus der Zeit der drei Reiche (265–419). Etwas verläßlicher jedoch ist ein Bericht aus der Tang Dynastie (619–907), wo in den „Annalen des Xiu-shui Distrikts" (Xiu-shui xien zhi) vom Auftreten goldfarbener Giebel in einem See dieses Distriktes berichtet wird.
Die ersten orangeroten Giebel wurden in der Nördlichen Song Dynastie (960–1127) um die Städte Jia-xing und Hang-zhou in der Provinz Zhe-jiang entdeckt und bereits in der Südlichen Song Dynastie (1107–1187) wurden künstliche Teiche zur Haltung und Zucht von Goldgiebeln angelegt. Die Karpfenzucht in großen Teichanlagen wurde zu diesem Zeitpunkt schon seit über 1000 Jahre praktiziert und man ging nun dazu über, auch den Goldfisch in größeren Anlagen kommerziell nachzuzüchten. Später wurden dann zur Erleichterung der Selektion, die Tiere in großen Keramikschalen gezüchtet. Hierdurch erhielten nicht nur verschiedenen Mutationen eine weit größere Überlebenschance, als in der freien Natur, sondern ihre gezielte Nachzucht konnte auch viel besser kontrolliert werden. Von der Ming Dynastie (1368–1644) an gehörte die Haltung und Pflege von Goldfischen wohl zur Lieblingsbeschäftigung der Chinesen. Aus dieser Zeit sind einige berühmte Goldfisch-

General

Systematics

The goldfish belongs to the cyprinid (carp) family (Cyprinidae), specifically to the genus Carassius *(which also includes the crucian carp,* C.carassius *(LINNAEUS, 1758)), that differentiats from its close relatives, such as the common carp genus* (Cyprinus) *and others, by the lack of barbels as well as details of the fin and skeletal anatomy. It originates from the Chinese golden carp,* Carassius auratus auratus *(LINNAEUS, 1758), which is also occasionally known in Europe as the golden gibel. Carassius auratus auratus is also the scientific name of all the different domesticated forms of the goldfish, as the various breed types do not warrant scientific names of their own.*
As in the carps and wild goldfish, the first rays of the dorsal fin in the domesticated goldfish, if one is present at all, are longer than the rays of the rest of the fins and thus give the fin a concave shape. Thus the dorsal fin of the domesticated goldfish, its wild ancestors, and the Prussian carp or gibel (C. a. gibelio)*, a subspecies of the wild goldfish native to western Europe, allows for easy differentiation from the crucian carp as the latter does not show any extension in the anterior portion and its dorsal fin parallels the dorsal profile in a convex form.*
The second point of differentiation, used mainly by scientists, is the number of gill rakers. The goldfish and Prussian carp have 37–54 gill rakers, while the crucian carp has only 25–31.
The close relationship between the carps and Carassius *is evidenced by their ability to hybridize, although crosses between goldfish or Prussian carp and the common carp* (Cyprinus carpio) *produce only sterile progeny. These resemble the goldfish but have a single pair of barbels and a double row of pharyngeal teeth, while the carp has a double pair of barbels and a triple row of pharyngeal teeth and the Prussian carp, on the other hand, has no barbels and only one row of pharyngeal teeth. The progeny of a cross between the Prussian carp and the crucian are always fertile, i.e. unlike the* Carassius/Cyprinus *hybrids they can produce subsequent generations.*

A Short History of Goldfish Breeding

The first reports on goldfish, or more acurately on the gold carp, originate from ancient China, from the time of the Three Kingdoms (265–419 AD). More reliable, however is a report dating from the Tang dynasty (619–907), where, in the "Annals of the Xiu-shui District" (Xiu-shui xien zhi), the appearance of a golden-coloured carp in a pond of that district is reported.
The first orange-red specimens were discovered during the northern Song dynasty (960–1127) around the cities of Jia-xing and Hang-zhou in the province of Zhe-jiang. As early as the southern Song dynasty (1107–1187) artificial ponds were constructed to keep and breed these golden fishes. At this time the breeding of carp in huge ponds already had a thousand-years-old tradition in China, and now the specific breeding of goldfish in bigger facilities was undertaken.
Later, for easier selection, the fishes were kept in huge ceramic tubs and bred. In this way not only did different mutations have a far greater chance of survival than in nature, but also deliberate breeding of such forms could be better controlled.

züchter bekannt und einer der ihren, Zhang Qian-de gab in seinem 1569 erschienenen Werk „Handbuch der Goldfische" (Zhu-sha yu pu; wörtl. Zinnober-Fisch-Handbuch) nicht nur Zuchtanleitungen, sondern beschreibt auch verschiedene Zuchtformen und Farbvarianten. Erwähnt werden rote, weiße und blaue Tiere in verschiedenen Farbzusammensetzungen, sowie Tiere mit dreilappiger und vierlappiger Schwanzflosse, mit Drachenaugen (Teleskop) und mit gedrungenem Körper sowie mit Drachenrücken, d. h. mit fehlender Rückenflosse.

In der Qing Dynastie (1616–1911) erreichte die Goldfischzucht in China wohl ihren Höhepunkt. In dieser Zeit entstanden die schwarzen, roten, purpurfarbenen und fünffarbigen (kaliko) Farbvarianten, sowie Löwenköpfe, Himmelsgucker, Blasenaugen, Perlschupper, sowie Tiere mit Pompons.

In dem 1780 in Paris erschienenen Buch von Billardon de Sauvigny, welches von Hervey (1950) ausführlich besprochen wurde, werden verschiedene Zuchtformen aus der Zeit um 1770 abgebildet. Unter den 92 dargestellten Fischen haben fast alle eine gedoppelte Schwanzflosse, aber nur bei zwei der gezeigten Tiere ist dies vollständig geteilt, bei der Körperform überwiegt die langgestreckte Form, doch werden auch Tiere mit gedrungenem Körperbau gezeigt. Des weiteren sind Tiere ohne Rückenflosse zu sehen, jedoch ist die Beflossung generell kurz. Drachenaugen sind auch abgebildet, doch fehlen Tiere mit Blasenaugen, Himmelsgucker und solche mit Kopfwucherungen, die Beschuppung ist durchweg normal.

Exporte

Die ersten Goldfische wurden wohl um 1502 aus China nach Japan exportiert und sollen nach Osaka und Edo, dem heutigen Tokyo gelangt sein. Für die Zeit um 1615 und 1623 sind nochmals Importe nach Japan nachgewiesen, jedoch ist anzunehmen, daß in diesem Zeitraum des öfteren Tiere nach Japan kamen. In Japan wurde der Goldfisch, welchen man dort Wakin nannte, schnell sehr beliebt und wurde bald auch in größerem Umfang nachgezüchtet. Dies führte schließlich dazu, daß in der Genroku-Epoche (1688–1704) des Tokugawa Shogunats die Goldfischhaltung als dekadenter Zeitvertreib verboten wurde.

Im Jahre 1643 gelangten die ersten Jesuiten nach Hang-zhou, dem Zentrum der chinesischen Goldfischzucht. Kurze Zeit später wurden von dort die ersten Tiere nach Holland gebracht, möglicherweise gelangten jedoch schon im Jahre 1611 die ersten Tiere nach Portugal, was der frühest mögliche Export nach Europa wäre. Mit Sicherheit wurden die Tiere jedoch erstmals 1728 in Amsterdam nachgezüchtet.

In Frankreich wurden nachweislich 1755 Goldfische als Geschenk an Madame Pompadour übergeben. Im Jahre 1872 wurden weitere Tiere durch Paul Carbonnier importiert und später durch seinen Bruder Peter Carbonnier nachgezüchtet. Nach England gelangten die ersten Goldfische nachweislich erst 1794, doch wurden möglicherweise bereits 1691 und 1782 Tiere nach England gebracht.

Noch später gelangten Goldfische in die Neue Welt. Erstmalig wurden Tiere 1852 nach San Franzisko importiert und dann nochmals im Jahre 1874 durch Konteradmiral Ammen. Am interessantesten dürften jedoch die Tiere gewesen sein, welche die japanische Regierung 1893 zur Weltausstellung nach Chicago geschickt hatte, da aus den restlichen Überlebenden dieser Ausstellungsstücke die im Westen so beliebte Stammform des eigentlichen Schleierschwanzes gezüchtet wurde. Nach Deutschland wurden zwischen 1883 und 1885 mehrmals Tiere durch Paul Matte importiert, aus welchen dieser den berühmten Matte-Goldfisch züchtete. Hierbei handelte es sich um eine relativ schlanke Schleierform mit lange ausgezogenen Flossen. Leider ist diese Zuchtform heute jedoch nicht mehr erhalten.

From the Ming dynasty (1368–1644) onward, the maintenance and culture of the goldfish turned into a favourite occupation of many Chinese. Some famous goldfish breeders are known from this time, one of whom, Zhang Qian-de, not only describes the breeding of goldfish in his book 'A Manual of Goldfish' (Zhu-sha yu pu; literally "Cinnabar Fish Manual") published in 1569, but also mentions various forms and colour variations. Fish with red, white and blue, in varied combinations, are mentioned, as well as those with triple or quadruple caudal fins, dragon (telescope) eyes, and a squat body, as well as with a "dragon back", i.e. with the absent dorsal fin.

During the Qing dynasty (1616–1911) goldfish breeding reached its zenith in China. During this period the black, red, purple, and 5-coloured (calico) variants, as well as lionheads, celestials, bubble-eyes, pearl-scales, and pompons, came into being.

In Billardon de Sauvigny's book, which was published in 1780 in Paris and which has been discussed extensively by Hervey (1950), various breed types from the time around 1770 were depicted. Of the 92 fishes presented, almost all have a double caudal fin, but only in two of the fish shown, is it completely separated. The form of the body is mostly elongate, although some squat forms are also to be seen. Furthermore, fish without the dorsal fin are to be seen, while the finnage in general is short. Dragon-eyes are also depicted, but Bubble-eyes, Celestials, and forms with growths on the head are absent. The scalation is however normal.

Exports

The first goldfish were probably exported from China to Japan around 1502, supposedly to Osaka and Edo, today's Tokyo. Circa 1615 and 1623 some further imports to Japan were recorded. However it is probable that during this period goldfish were brought to Japan quite often. Further exports followed, and the goldfish, which was called "Wakin" in Japan, rapidly became very popular and was bred extensively. This led eventually to goldfish keeping being banned as a decadent pastime during the Genroku era (1688–1704) of Tokugawa Shogunate.

In 1643 the first Jesuits arrived in Hang-zhou, the centre of goldfish breeding in China. Shortly thereafter, some goldfish were brought to Holland. However the first samples may have already reached Portugal by 1611 and this would then have been the first importation to Europe. It is certain, however, that the goldfish was first bred in 1728 in Amsterdam.

There is evidence that in 1755 goldfish were given as a present to Madame Pompadour in France. In 1872 further fish were imported by Paul Carbonnier and subsequently bred by his brother Peter.

The arrival of the first goldfish in England can be traced back to 1794, even though it may have been there as early as 1691 or 1782.

The goldfish reached the New World still later. Rear Admiral Ammen imported this fish for the first time in 1852, to San Francisco, and then again in 1874. Most interesting of all, however, were the goldfish sent by the Japanese government for exhibition at the World Fair in Chicago in 1893, because from the survivors of this exhibition was bred the original form of the true veiltail, much loved in the western world.

The goldfish was several times imported to Germany by Paul Matte between 1883–1885, and from these stocks he bred the famous Matte goldfish. This was a relatively slim veiltail form with elongated fins. Unfortunately this type is no longer in existence.

Die verschiedenen Zuchtformen
The various Cultivated Forms of the Goldfish

Die Variationen des Goldfisches

Da es sich bei den Goldfischen um nur eine einzige Art handelt, ist es nicht nötig, einen umfangreichen Bestimmungsschlüssel aufzulisten. Über die Jahrhunderte hinweg wurden jedoch so viele Formen und Farbschläge gezüchtet, daß es nicht ganz leicht ist, genau zu entscheiden, welche Variation man nun gerade vor sich hat. Um zu einer einheitlichen Einteilung und Namengebung zu kommen ist es jedoch sinnvoll, ein gewisses Klassifizierungsschema aufzustellen.

Bevor wir uns dieses Klassifizierungsschema näher anschauen, möchte ich jedoch zunächst auf den hier verwendeten Begriff der „Variation" näher eingehen. Während MATSUI bei den verschiedenen Zuchtformen des Goldfisches von Rassen spricht, wendet sich INNES entschieden dagegen und bezeichnet diese stattdessen, wie später SMARTT & BUNDELL auch, als Variationen. Dies wird begründet damit, daß wir bei den verschiedenen Zuchtformen keine 100 % reinerbigen Nachkommen erhalten, wie dies etwa bei den verschiedenen Hunde-, Katzen- oder Rinderrassen usw. zu erwarten ist. Dieser absolut klaren Unterscheidung möchte ich mich hier anschließen und ebenfalls von verschiedenen Variationen oder Zuchtformen des Goldfisches sprechen.

Wahrscheinlich wird sich auch so mancher Leser fragen, wieso es beim Goldfisch so viele Zuchtformen geben kann und wie sie entstanden sind. Es würde sicherlich den Rahmen dieses Buches sprengen, hierauf näher einzugehen, zumal es zu diesem Thema schon das gute Werk von SMARTT & BUNDELL gibt, dennoch sollte dieser Punkt kurz angesprochen werden. Bei den ersten Goldfischen, welche in menschlicher Obhut gepflegt wurden, handelte es sich noch um einfache Farbvariationen, wie wir sie auch von anderen Kalt- und Warmwasserfischen kennen, erwähnt seien nur Goldkarpfen, Goldschleie und Goldorfe.

Bei der verdoppelten Schwanzflosse, den vergrößerten Augen, der haubenähnlichen Kopfwucherung und der fehlenden Rückenflosse handelt es sich ziemlich sicher um Mutationen, welche beim Goldfisch besonders häufig zu sein scheinen. Andererseits konnten aber in der fast tausendjährigen Geschichte der Goldfischzucht diese veränderten Formen recht gut selektiert werden. Für die große Formenvielfalt ist nicht zuletzt sicherlich auch die ungewöhnliche Chromosomenzahl verantwortlich, welche beim Großteil der Karpfenfische ca. 50 beträgt, währen Goldfische und Karpfen ca. 100 Chromosomen haben, wodurch eine größere Formenvielfalt bei gezielten Kreuzungen entsteht.

Wie bereits erwähnt, ist die bei uns übliche Einteilung in Goldfische und Schleierschwänze nicht ganz richtig und oft wird

The Varieties and Their Development

As there is only one single species of goldfish, there is no need to provide a complex identification key. Yet over the centuries so many different types (in form and coloration) have been bred that it is not always easy to determine precisely which goldfish variant one is confronted with. Thus, it is necessary to establish a basic classification system in order consistently to categorise and name the different varieties.

Before taking a closer look at this scheme of classification it is necessary to explain in further detail the meaning of the term "variation" as used throughout this book. While MATSUI speaks of races amongst the different cultivated forms of goldfish, Innes takes a decisive stand against this practice and defines the forms instead as variations, as do SMARTT & BUNDELL. This is based on the fact that none of the different variations, breeds 100% true as is to be expected among, for example, the various races of dogs, cats or cattle etc. I have chosen to adhere to this absolutely clear definition and likewise prefer to speak of different varieties or breeds of goldfish.

Some readers will probably ask: how come there are so many different breeds of goldfish and how they´ve come into being? It is, however, quite beyond the scope of this book to discuss this topic in full detail, especially as a very good book on this subject, by Smartt & Bundell, already exists. Nevertheless the subject should be briefly mentioned.

The very first goldfish that were kept in captivity were simply colour variants, such as are also known in other coldwater and tropical fish, for example the golden carp, golden tench and golden orfe, to name but a few.

The double caudal fin, the enlarged eyes, the hood-like growths on the head, and the missing dorsal fin, are almost certainly mutations, which occur particularly frequently in the goldfish. On the other hand these mutated forms could very easily have been bred by selection during the almost thousand-year history of goldfish breeding. Not least the unusual number of chromosomes may also be responsible for the manifold forms; in the majority of cyprinid fish this is around 50, while the goldfish and common carp have around 100 chromosomes, such that a large number of different forms come into being through selective cross-breeding.

As already mentioned, a division into goldfish and veiltails, such as is commonly made in Germany, is not quite correct. Often the shubunkins are treated as a third group and this too is wrong. In China and Japan, however, all these varieties are termed goldfish (Chinese jin-yu, *Japanese* ginkyo*). Shubunkins and veiltails are merely specific cultivated forms of goldfish. To be precise, the shubunkin is a colour variant*

Der Mattegoldfisch
Photo (um 1895) aus Dr. E. Bade (vor 1918); Die ausländischen Aquarienfische
The Matte-Goldfish
Photo (about 1895) from Dr. E. Bade (before 1918); Die ausländischen Aquarienfische (The Foreign Aquarium Fish)

neben diesen beiden Formen noch der Shubunkin als weiterer Typ hinzugestellt. In China und Japan bezeichnet man aber alle diese Tiere als Goldfische (chin. *jin yu*, jap. *ginkyo*). Shubunkin und Schleierschwanz sind nur bestimmte Zuchtformen des Goldfisches. Genauer gesagt handelt es sich beim Shubunkin um eine Farbvariante mit der ursprünglichen Körperform des Goldfisches. Als Schleierschwanz bezeichnet man eine bestimmte Form der Schwanzflosse bei den Tieren der etwas kompakteren Form, welche aber auch noch andere Typen von Schwanzflossen aufweisen, wie wir noch sehen werden.

Generell gibt es mehrere Unterscheidungskriterien, wonach sich die „klassischen" Formen einteilen lassen. Hierzu gehören die Körperform, die Beflossung – insbesondere Schwanz- und Rückenflosse – die Kopfform mit Hautwucherungen, Augen, Nasenhöcker und Kiemendeckel als weiteren Unterkriterien und schließlich noch Beschuppung und Färbung.

Wenn ich hier von den klassischen Formen spreche, so meine ich damit die zum Teil seit Hunderten von Jahren in China und Japan gezüchteten Varianten, welche in neuerer Zeit durch Kreuzungen nicht nur zu einem enormen Anwachsen der Form- und Farbkombinationen, sondern auch zu einer gewissen Umständlichkeit bei der Namengebung geführt haben, da die neueren chinesischen Namen mehr oder weniger alle Merkmale einfach in einer bestimmten Reihenfolge aufzählen, wie etwa beim Elsternfarbigen Schmetterlingschwanz-Drachenauge, einem wunderschönen Fisch, welcher durch diesen Bandwurm von Namen aufs genaueste beschrieben ist, bei uns aber wohl besser als Teleskoppanda bezeichnet wird.

Neben diesen „neuen" chinesischen Namen gibt es für viele Zuchtformen auch noch die „traditionellen" chinesischen Namen, welche sich oft auf Personen oder Tiere aus der chinesischen Mythologie beziehen oder von anderweitig bedeutungsvollen Tieren stammen. So wird beispielsweise der gewöhnliche Kranich mit seinem roten Fleck auf dem Kopf in China auch Glück-auf-dem-Kopf genannt, da rot als glückbringend betrachtet wird. Er ist dort ein Symbol für Langlebigkeit und findet sich nicht nur häufig auf Geburtstagskarten, sondern verhalf auch der Roten Kranichkrone zu ihrem Namen, einem weißen Fisch der Schleierform mit einer roten Kopfwucherung, welcher bei uns Kappenfisch, Rotkäppchen oder mit seinem japanischen Namen Tancho Oranda genannt wird.

Des weiteren haben die verschiedenen Hochzuchtformen nicht nur in China in verschiedenen Regionen unterschiedliche Namen, sondern werden in Japan häufig wiederum anders genannt. Oft sind die Tiere bei uns unter ihrem japanischen Namen bekannt, obwohl es sich ursprünglich um chinesische Züchtungen handelt. Rein japanische Züchtungen werden in der Regel nach dem Ort benannt, wo sie zuerst gezüchtet wurden, haben jedoch in China wieder andere Namen. Dennoch sind auch bei vielen Tieren die chinesischen und

Eine vielleicht als einmahlige Mutation aufgetretene Form mit dreifach geteilter Schwanzflosse. Gelegentlich findet man unter Tieren mit geteilter Schwanzflosse die verschiedensten Zwischenformen, wie etwa die Triangelform mit nur einem oberen aber zwei unteren Flossenlappen. Ich selbst hatte schon ein Tier, mit einer normalen und einer triangelförmigen Schwanzflosse, also mit insgesamt zwei oberen und drei unteren Flossenlappen. Photo (um 1895) aus Dr. E. Bade (vor 1918); Die ausländischen Aquarienfische

Possibly an unprecedented mutation with a threefold caudal fin. Occasionally one finds amongst goldfish with paired caudal fin plenty of interim forms like the triangle or tripod form with one dorsal lobe and two ventral ones. I myself was keeping a fish with one normal and one tripod like caudal fin, thus having a total of two dorsal and three ventral lobes.
Photo (around 1895) from Dr. E. Bade (1918); Die ausländischen Aquarienfische (The Foreign Aquarium Fish)

with the original body shape of the wild goldfish, while the veiltail is defined as a specimen with a more compact form and a specific type of caudal fin; fishes with this body shape may also have different types of tail, as explained in more detail below.

In general, there are various criteria which can be used to differentiate the "classic" forms. These include the shape of the body; the form of the fins (especially that of the caudal and dorsal fin); the shape of the head, with its skin growths, eyes, narial septum and operculum (gill-cover) as further lesser criteria; and finally the scalation and coloration.The term "classic form" used above refers to those forms that have been bred in China and Japan for many years, in some cases for centuries, and which in recent years have been crossed to produce not only an enormous increase in the number of combinations of shape and colour, but also a degree of cumbersomeness in the names used: the new Chinese names simply enumerate more or less all the characteristics in a certain sequence, leading to names like "magpie-coloured-butterfly-tailed-dragon-eye". This monstrous name most accurately describes this beautiful fish, but it is better known as the "telescope-panda" in the non Chinese-speaking world.

As well as these "new" Chinese names, there are also still "traditional" names for many varieties, often derived from mythological persons or animals or from other cratures with some special significance. Thus, for example, the common crane with the red patch on its head is also known as "luck-on-the-head" in China, since red is considered lucky. It is a symbol of longevity and is not only frequently seen on birthday cards, but has also given its name to the Red Crowned Crane, a white fish with a quadruple tail and a red growth on its head. This fish is usually called the Red Cap Lionhead or by its Japanese name, Tancho Oranda. Moreover, the various fancy forms not only have different names in various regions of China, but often have other names in Japan and are frequently known to us by the Japanese name, even though the varieties in question originated in Chinese. Generally speaking true Japanese varieties are named after the place where they were bred for the first time, but then again may be known by a different name in China.

Nevertheless, many fish have identical names in Chinese and Japanese, ie the names are written with the same Chinese characters, which are then enunciated in either Chinese or Japanese as the case may be. In addition the English names of the fish are also sometimes used in the trade. In order to help the aquarist to find his way through this multiplicity of names, this AQUALOG includes the Chinese and Japanese names as well as the German and English ones.

japanischen Namen identisch, das heißt, sie werden mit den gleichen chinesischen Schriftzeichen geschrieben, die dann entweder chinesisch oder japanisch ausgesprochen werden. Darüber hinaus werden in der Literatur und im Handel auch gelegentlich die englischen Namen der Tiere verwendet. Um dieser Namensvielfalt etwas Herr zu werden, sind in diesem AQUALOG neben den deutschen und englischen Namen auch die chinesischen und japanischen Bezeichnungen aufgeführt.

Herkunft der Zuchtformen

Die meisten der älteren und neueren Zuchtformen sind bei uns eher selten oder gar nicht im Handel anzutreffen, da sie zum Teil recht teuer sind und derzeit (noch) wenige Liebhaber haben. Viele Koihändler bieten jedoch häufig neben den Farbkarpfen auch noch einige wenige Arten von Hochzuchtformen des Goldfisches an.
Wie bereits erwähnt, stammen nicht alle Hochzuchtformen des Goldfisches aus China. Aus Japan sind ebenfalls viele Zuchtformen bekannt, die bei uns meist auch unter ihren japanischen Namen geführt werden, wie etwa Shubunkin, Tosakin, Ryukin usw. Das Schriftzeichen „*kin*", am Wortanfang „*gin*" gesprochen, welches in allen obigen Namen erscheint, bedeutet „Gold" und ist hier als Abkürzung von Goldfisch zu sehen.
Weitere Zuchtformen kommen aus Amerika oder England, wo Goldfische sehr viele Liebhaber fanden, von welchen im Laufe der Jahre neue Formen gezüchtet wurden. Zu erwähnen sind hier der amerikanische Shubunkin, Komet, Bristol-Shubunkin und London-Shubunkin, sowie die als Schleierschwanz bezeichnete Hochzuchtform.
Bei der letzteren Bezeichnung handelt es sich um Tiere mit einer bestimmten Form der Schwanzflosse, welche nicht mit dem bei uns üblichen Sammelnamen verwechselt werden sollte. Ebenfalls aus England kommt auch der heute allgemein in der westlichen Welt anerkannte Zuchtstandard für Goldfische.
Bei uns waren nicht nur die guten Nachzuchten von Paul Schäme aus Dresden bekannt, sondern vor allem der oben schon erwähnte Matte-Schleierschwanz, welcher von Paul Matte aus mehreren Importen zwischen den Jahren 1883 und 1885 gezüchtet wurde, heute aber nicht mehr existiert.
Übrigens erfreuen sich in ihren Ursprungsländern ganz bestimmte Zuchtformen eines besonderen Beliebtheitsgrades und es gibt Vereinigungen in Japan, welche sich nur mit Tosakin oder Ranchu beschäftigen und jährlich große Ausstellungen mit Bewertung und Preisvergabe für die besten Tiere veranstalten. Die Ausstellung mit der längsten Tradition ist die seit 1884 mit nur einer kurzen Unterbrechung während des 2. Weltkrieges alljährlich in Tokyo stattfindende (Gold-)Fischausstellung der Japanischen Vereinigung von Ranchu-Liebhabern (ranchu aikôkai). Ähnlich wurde in Deutschland am Ende des 19. Jahrhunderts ein Bewertungsstandard für Schleierschwänze aufgestellt, welcher aber bald wieder in Vergessenheit geriet, da mehr und mehr neue tropische Fische eingeführt wurden und den Goldfisch verdrängten.
Auch in England und den USA entstanden mehrere Klubs, welche sich nur mit diesen Tieren beschäftigen. Von dort sind große Züchtereien bekannt und der englische Zuchtstandard findet sich sogar in einigen unserer deutschsprachigen Bücher über Goldfische. Manche dieser Klubs können Sie auch im großen Cyberaquarium des Internet besuchen und dort vielleicht den einen oder anderen Bekannten aus diesem Buche wiederfinden. Erwähnt seien hier nur die Tosa Nishikigyo aikôkai, der Ishikawa Sarasa Goldfish Club, die British Goldfish Association, die Texas Koi & Fancy Goldfish Society und The Goldfisch Society of America.

The Origin of the Varieties

Most of the old and new cultivated varieties are seldom if ever available in the trade, as they are extremely expensive and at present (still) have only a few fanciers. However, as well as a few shops which specialize in goldfish, many Koi dealers often offer a few high quality fancy goldfish varieties as well as coloured carp.
*As already mentioned, not all the high quality fancy goldfish varieties originate from China. Many types from Japan are equally famous, and are mostly sold here under their Japanese names, for instance, Shubunkin, Tosakin, Ryukin, etc. The character "*kin*" (pronounced "*gin*" when used at the beginning of a word), which appears in all the above names, means "gold" and is used in this context as an abbreviation for "goldfish". Additional varieties originate from either America or England, where there are many fans of goldfish, and from these new forms have been bred over the years. Worth mentioning here are the American Shubunkin, the Comet, the Bristol Shubunkin, and the London Shubunkin, as well as veiltail varieties of exceptional quality.*
The term "veiltail" in this case denotes a fish with a particular form of caudal fin, and should not be confused with the name "veiltail" used for fancy goldfish in general, as is commonly the case in German-speaking countries. From England likewise originate the standards of goldfish breeding, generally recognised in the western world.
In Germany not only was the good stock of Paul Schäme from Dresden greatly renowned, but above all, the previously-mentioned Matte veiltail, bred by Paul Matte, using numerous imported fish between 1883 and 1885, that no longer exists today.
Moreover certain cultivated varieties enjoy especial popularity in their land of origin. In Japan there are, for instance, clubs only for Tosakin or Ranchu, which hold big annual exhibitions with competitions and prizes for the best goldfish. The goldfish exhibition with the longest tradition is that of the Japanese Ranchu Fanciers' Club (ranchu aikôkai) held annually in Tokyo since 1884 with only a short break during the Second World War. Similarly in Germany judging standards for fancy goldfish were established at the end of the nineteenth century. But these were soon consigned to oblivion as the ever-increasing importation of tropical fish ousted the goldfish from popularity.
In England and the USA as well many clubs came into being that solely concentrated on this fish. Famous large breeding farms in these countries, and the English breeding standards, have found their way into some of the German books on the goldfish. Some of these clubs are to be found in the "cyber aquarium" on the Internet, where some of the fish shown in this book may also be found. Some clubs worth mentioning here are: the Tosa Nishikigyo aikôkai, the Ishikawa Sarasa Goldfish Club, the British Goldfish Association, the Texas Koi & Fancy Goldfish Society, and the Goldfish Society of America.

Die Zuchtmerkmale

Ein natürliches Bestreben des Menschen scheint es zu sein, alles zu systematisieren und zu klassifizieren. Da die Chinesen hiervon nicht ausgenommen sind, hat man in China bereits sehr früh begonnen, die damals bekannten Zuchtformen in verschiedene Gruppen zu stellen. Bereits in der Ming Dynastie (1368–1644) unterschied man neben der Wildform, dem Giebel (chin. *ji*; jap. *funa*, ein anderes Schriftzeichen, welches chinesisch *„fu"* ausgesprochen wird) den Goldgiebel oder Goldkarpfen (*jin-ji*) und die Tiere mit geteilter Schwanzflosse, welche man *wen-yu* nannte.
Das Schriftzeichen *„wen"* hat neben der Grundbedeutung „Schriftzeichen, Schrift, Literatur, gelehrt" noch viele weitere, davon abgeleitete Bedeutungen, so unter anderem „bemalt, gemustert". So könnte man *wen-yu* etwa mit „gemustertem (Gold)Fisch" übersetzen; es kann jedoch ziemlich sicher angenommen werden, daß dieser Name vor allem gewählt wurde, weil der Goldfisch mit geteilter Schwanzflosse von oben gesehen dem Schriftzeichen *„wen"* nicht unähnlich sieht. Dies gilt besonders für die alte Schreibweise, welche vor Einführung der Pinselschrift verwendet wurde. Der Name wäre somit richtiger mit „(Gold)Fisch in der Form des Schriftzeichens wen" oder kurz „Wen-förmiger Goldfisch" zu übersetzen.
Die große Formenvielfalt führte im Jahre 1848 dazu, daß man in China die drei Gruppen erweiterte und nun derer fünf aufstellte, in welche man die verschiedenen Zuchtformen des Goldgiebels einteilte. Hierzu wurden alle Merkmale der Zuchtformen nach primären und sekundären unterschieden und geordnet. Zu den **primären Merkmalen** zählte man die Form der Schwanzflosse und die der Augen, sowie das Vorhandensein oder Fehlen der Rückenflosse. Die Färbung, Kopfwucherungen und gedoppelte Afterflosse betrachtete man als **sekundäre Merkmale,** zu denen heute auch die Merkmale jüngeren Ursprungs, wie Perlschuppen, Quellkiemen, Nasenbukett oder Pompons und Blasenaugen gerechnete werden. Diese fünf Gruppen waren

- Goldkarpfen oder Goldgiebel,
- Wen-yu,
- Drachenaugen,
- Drachenrücken und
- Eierfische.

Die im Westen als Teleskop- oder auch Glotzaugen bezeichnete Augenform wird in China etwas liebevoller als Drachenaugen bezeichnet. Der Drache war das wichtigste der vier mythologischen Tiere Chinas und als solcher ein Attribut für alles Kaiserliche. Beim Drachenrücken handelt es sich um einen Eierfisch mit Drachenaugen.
Somit kommt in diesem Schema das primäre Merkmal der vergrößerten Augen bereits in zwei Gruppen vor. Bei vielen Autoren wird die Gruppe der Drachenrücken darum auch nicht extra erwähnt. Man Shek-hai meint in seinem sehr guten Buch, daß diese Einteilung nicht mehr den heutigen Zuchtformen entspricht und schlägt sogar vor, Drachenaugen als sekundäres Merkmal zu betrachten, da heute durch verschiedene Kreuzungen bei fast allen Zuchtformen auch Tiere mit Drachenaugen vorkommen. In der neuen, von ihm vorge-

Von verschiedenen Kalligraphen interpretierte Schreibformen des Schriftzeichen wen, das an einen von oben betrachteten Goldfisch erinnern soll. Ganz oben die neuere Form, mit Tusche und Pinsel Geschreiben, das Zweite eine alte Form mit Griffel in weiches Material gezeichnet, der Rest ganz alte Formen in hartes Material geritzt.

Different interpretations of the character wen by various chinese calligraphers, which is supposed to look similar to a goldfish with doubled tail viewed from top. On the top the later form, written with brush and ink, second an old form, drawn with a style in soft material, the rest very old forms carved in hard material.

The Characteristics

Man seems to have an instinctive desire to categorise and classify everything. The Chinese being no exception, they began very early to assign the then known varieties to different groups. During the Ming dynasty (1368–1644) they differentiated between the wild form of the goldfish (Chinese ji; *Japanese* funa, *a different character, which in Chinese is pronounced "fu"), the gold carp* (jin-ji), *and the fish with double caudal fin, which were called* wen-yu.
The character "wen" has, apart from its many basic meanings (e.g. character, script, literature, learned), additional derivative meanings such as painted and patterned. Thus wen-yu *might be translated as "patterned (gold-) fish", but it can be assumed with reasonable certainty that this name was chosen mainly because, when viewed from above, the goldfish with the double caudal fin appears not dissimilar to the Chinese character "wen". This is especially true of the old form of the character which was used before the introduction of the brush script. Hence, a more accurate translation of the name would be "(gold)fish with the form of the character wen", or "wen-shaped goldfish" for short.*
In 1848 the multiplicity of varieties caused the Chinese to enlarge the three existing categories in which all the different cultivated varieties of goldfish were classified, and increase their number to five. In addition all the characteristics of the various cultivated types were categorised as primary or secondary. The ***primary characteristics*** *included the form of the caudal fin, the form of the eyes, and the presence or absence of the dorsal fin. The colour, head growths (hoods), and double anal fins were regarded as* ***secondary characteristics****, as are nowadays characteristics of more recent origin, such as pearl scales, curled opercula, narial bouquets (= pompons) and bubble eyes. The five groups mentioned above were:*

- *gold carp,*
- *wen-yu,*
- *dragon eye,*
- *dragon-back, and*
- *egg-fish.*

The eye form termed "telescope eyes" or "globe-eyes" in the west is known more poetically in China as "dragon-eyes". The dragon was the most important of the mythological creatures in China, and as such an attribute for everything imperial. The dragon-back is an eggfish with dragon eyes. Hence the primary characteristic of enlarged eyes appears in two groups under this classification. For this reason the dragon-back group is no longer mentioned by many authors. In his excellent book Man Shek-hai remarks that this system of classification is no longer appropriate to present-day forms, and even suggests that dragon eyes should be considered a secondary characteristic, as nowadays, due to assorted crossbreeding, almost all cultivated varieties include individuals with dragon eyes as an additional characteristic. His proposed new classification retains all the above-mentioned groups except the dragon-back, and simply attaches "-like goldfish" to the old name; he also retains the dragon-eye type of goldfish in his classification.

schlagenen Einteilung behält er jedoch bis auf die Drachenrücken alle obigen Gruppen bei und hängt den Namen lediglich ein „-artige Goldfische" an, führt also weiterhin Drachenaugenartige Goldfische in seiner Einteilung.
Das Merkmal der Drachenaugen in einer eigenen Gruppe zu führen, scheint mehr ein Tribut an die lange Tradition und Beliebtheit dieser Zuchtform zu sein, da man etwa Tiere mit Nasenbukett nicht auch in einer eigenen Gruppe zusammenfaßt. Dieses, in der langen Geschichte der Goldfischzucht relativ junge Merkmal wird, wie die Färbung auch, mehr als zusätzliche Variation einer bestimmten Zuchtrichtung aufgefaßt. In neuerer Zeit gibt es jedoch auch Eierfische und sogar Shubunkin mit Drachenaugen.
Ich werde jedoch Man Shek-hais Vorschlag aufgreifen und, von der traditionellen Einteilung abweichend, die Drachenaugen in diesem Aqualog als sekundäres Merkmal behandeln. Die Tiere mit Drachenaugen werden also nicht in einer eigenen Gruppe besprochen, wie dies ja für Blasenaugen und Himmelsgucker ohnedies schon der Fall war, sondern bei den jeweiligen Zuchtformen, wo dieses Merkmal zusätzlich auftritt. Daraus ergeben sich die drei großen Formengruppen der karpfenförmigen, wen-yu-förmigen und eiförmigen Goldfische, wie sie in diesem AQUALOG vorgestellt werden.
Durch Kreuzungen und Rückkreuzungen entstand eine Vielzahl neuer Formen, wobei auf Grund einer fehlenden, einheitlichen Klassifizierung die genaue Anzahl je nach Autor schwankt. Man Shek-hai spricht von bis zu 300 chinesischen Formen, 20–30 japanischen und einigen europäisch-amerikanischen Zuchtformen.

Die Unterscheidungsmerkmale

Bevor wir uns nun diese drei Formenkreise näher betrachten, möchte ich jedoch erst einmal alle Merkmale nach Gruppen auflisten und, soweit möglich, deren Entstehen besprechen.
Bei der **Körperform** lassen sich vier Typen unterscheiden, nämlich

- **normale**
  einfache Goldfische, Shubunkin, Kometen
- **eiförmige**
  Wen-yu-artige, Eierfische, Löwenköpfe, Ranchus
- **hochrückige**
  Ryukin
- **fast kugelförmige**
  englische u. amerikanische Zuchtformen wie Schleierschwanz und Breitschwanz.

Bei letzterem handelt es sich um einen Schleierschwanz mit breiter, ungeteilter Schwanzflosse.
Bei den Jungtieren läßt sich jedoch in den ersten Wochen die spätere Körperform noch nicht erkennen.

Die größte Variation gibt es jedoch, wie zu erwarten bei der Form der **Schwanzflosse.** Wir unterscheiden die

- **normale**
  einfacher Goldfische und London-Shubunkin
- **verlängerte**
  Schwalbenschwanz oder Komet, Bristol-Shubunkin und Nymphe
- **gedoppelte** und
- **fehlende**
  Meteor

Schwanzflosse, wobei die gedoppelte Form so vielseitig ist, daß sie noch weiter unterteilt wird. Vom Meteor war übrigens keinerlei Material zu finden, sodass ich schon an seiner Existenz zweifelte, jedoch hat unser Bildautor Alvin Lim in seiner Jugend Tiere auf

The retention of this dragon-eye characteristic as an individual group appears to be a tribute to established tradition and its popularity, as fishes with a narial bouquet are not likewise classified in a separate group of their own. This relatively young (in the history of the goldfish breeding) characteristic, and likewise coloration, is considered to be more of an additional variation within a particular breed. In recent years there have been egg-fish, and even Shubunkins, with dragon-eyes.
I nevertheless prefer to follow Man Shek-hai's proposals and deviate from the traditional classification; thus dragon-eyes will be considered a secondary characteristic in this Aqualog. Fishes with dragon eyes will therefore not be treated as a separate group, as would otherwise be the case with bubble-eyes and celestials, but as members of the groups of cultivated forms in which this characteristic appears as an additional feature. This leaves us with the three main groups - the carp-shaped, wen-yu-shaped, and egg-shaped goldfish, as they will be termed in this AQUALOG.
Crossing and back-crossing have led to the creation of numerous new forms, the number varying from author to author because of the lack of a uniform system of classification. Man Shek-hai talks of up to 300 Chinese forms, 20 to 30 Japanese, and a few European and American ones.

Distinguishing characteristics

Before taking a closer look at the three groups of forms, I would first like to catalogue all the characteristics according to group, and to discuss their origins as far as possible.

As regards body shape we can differentiate four types, namely:

- ***normal***
  common goldfish, shubunkin, comet goldfish
- ***egg-like***
  wen-yu type, eggfish, lionhead, ranchu
- ***high-backed***
  ryukin
- ***almost sphere-like***
  English and American varieties such as veiltail and broadtail. The latter is a veiltail with a broad, undivided caudal fin.

In juveniles the last type of body form is not yet recognisable during the first few weeks.
The greatest degree of variation is found, as might be expected, in the shape of the caudal fin. We differentiate the following types:

- ***normal***
  common goldfish and London Shubunkin,
- ***elongated***
  Swallowtail or Comet, Bristol Shubunkin and Nymph,
- ***double,** and*
- ***missing***
  Meteor

Of these, the doubled form is itself so varied that this has led to further subdivision. There was no material available on the Meteor, which led me to doubt its existence, but our photographer Alvin Lim claims to have seen specimens at an exhibition during his youth. They looked like half-grown Black Dragon-eyes or Moors, but without a caudal fin.
The double caudal fin develops through a vertical division of the fin during the embryonic phase, such that the dorsal lobes cannot wholely or partially grow together and thus lead to forms with a three- or four-lobed caudal fin. The divided caudal fin can either stand out stiffly at an angle of 45 degrees or hang

einer Ausstellung gesehen. Es handelte sich dabei um halbwüchsige Schwarze Drachenaugen, aber ohne Schwanzflosse.
Die gedoppelte Schwanzflosse entsteht durch eine Längsteilung derselben in der Embryonalphase, wobei die dorsalen Lappen nicht, teilweise oder ganz zusammengewachsen sein können wodurch die dreilappigen oder vierlappigen Schwanzformen entstehen. Die geteilte Schwanzflosse kann steif abstehen, in einem Winkel von 45° oder vertikal herabhängen. Die Enden der Lappen können rund, spitz oder eckig geformt sein. Da die Schwimmbewegung durch wellenförmige Bewegungen des Körpers und der Schwanzflosse entstehen, sind diese Formen von Goldfische schlechte Schwimmer.
Je nachdem, wie die beiden Lappen der Schwanzflosse am oberen Rand zusammengewachsen sind, ist diese

- **ungeteilt (dreilappig),**
  Tosakin, Klemmschwanz
- **teilweise geteilt** oder
  Kirschblütenschwanz
- **vollständig geteilt.**

Die nur teilweise zusammengewachsene Schwanzflosse scheint nicht sehr beliebt zu sein und kommt nur in einer einzigen Zuchtform vor. Weiter verbreitet ist die ungeteilt Form, bei der wir

- **einfach dreilappige**,
- **geklemmte** und
- **gewellte**
  Tosakin

unterscheiden.

Die größte Formenvielfalt läßt sich jedoch bei der vollständig geteilten Form der Schwanzflosse feststellen. Wir unterscheiden hier die

- **kurze,**
  Löwenkopf und Büffelkopf oder Ranchu
- **gespreizte,**
  Pfauenschwanz oder Jikin
- **verlängerte** und die
- **sehr lange**

Form, wobei die Flossenlappen bei den beiden letzteren Gruppen mehr oder weniger stark eingebuchtet sein können.

Die verlängerte, vierlappige Schwanzflosse ist

- **einfach, kaum eingebuchtet** und **wenig gespreizt**:
  Schmetterlingschwanz
- oder **relativ lang und fächerförmig abgespreizt** oder **gefaltet**:
  Fächerschwanz

und die sehr lange Form ist

- **schleppend und nicht eingebuchtet:**
  alter Typ und Breitschwanz
- **wenig eingebuchtet:**
  Schleierschwanz
- **stark eingebuchtet (vierlappig):**
  Fransenschwanz und Phönix.

Die weiteren, noch zu besprechenden Merkmale lassen sich wieder leichter abhandeln.

Klemmschwanz / Pinchtail

Schmetterlingsschwanz / Butterflytail

Fächerschwanz / Fantail

Zeichnungen/drawings: K. Bernhardt

down vertically. The ends of the lobes may be round, pointed, or angular. As the swimming movement of the fish takes place by means of an undulating movement of the body and the caudal fin, these types of goldfish are poor swimmers.

The way ithe two lobes of the caudal fin are grown together at the upper edge, they could be:

- ***undivided (triple-lobed),***
  Tosakin, pinch-tail
- ***partially divided** or*
  cherryblossom tail
- ***completely divided.***

The only partially grown-together caudal fin seems not to be very popular and appears in just one breed. Much more widespread is the undivided form, amongst which the following types are differentiated:

- ***plain triple lobed,***
- ***pinched**, and*
- ***curled***
  Tosakin.

The largest number of forms is found in the group with a completely divided caudal fin. Here we differentiate the following forms:

- ***short***
  Lionhead and Buffalo-head or Ranchu
- ***extended***
  Peacock-tail or Jikin
- ***elongate**, and*
- ***very elongate***

In the last two types the two lobes of the caudal fin may exhibit a more or less prominent indentation.

The elongated, quadruple caudal fin is

- ***simple**, barely forked and less spread*
  butterfly tail
- *or **quite long and spread fan-like** or **folded***
  fantails

and the very elongated form is

- ***trailing and not forked***
  old type, broadtail, Broadtail Moor
- ***slightly lobed***
  veiltail
- ***prominently forked** (quadruple fin)*
  fringetails, phoenix.

All the other characteristics, still to be detailed, are much more easily explained.

Wir bleiben zunächst bei den Flossen und wenden uns kurz der **Afterflosse** zu. Kurz daher, weil nur drei Formen vorkommen:

- **einfach**,
- **gedoppelt** oder
- **fehlend**.

Dies hat jedoch für die Einteilung der Varianten keine Bedeutung. Das Merkmal der normalen Afterflosse ist dominant, wünschenswert ist jedoch die gedoppelte Afterflosse, was man bei der Auswahl von Zuchttieren beachten sollte. Des weiteren ist es erwähnenswert, daß eine gedoppelte oder fehlende Afterflosse gewöhnlich nur bei Tieren mit gedoppelter Schwanzflosse auftritt, währen die einfache Afterflosse bei allen Formen vorkommen kann.

Zu den primären Merkmalen zählt jedoch die **Rückenflosse,** wenngleich auch hier nur drei Formen zu erwähnen sind. Dies sind

- **die normale Rückenflosse:**
  Fächerschwanz, Pfauenschwanz, Tosakin, Perlschupper
- **die verlängerte Rückenflosse:**
  Schleierschwanz, Teleskopschleierschwanz, Holländischer Löwenkopf oder Oranda, Rotkopf-Oranda oder Kappenfisch oder auch Tancho-Oranda
- **die fehlende Rückenflosse:**
  Löwenkopf, Büffelkopf oder Ranchu, Himmelsgucker, Eierfische, Eierphönix und Blasenaugen.

Es kann vorkommen, daß die Rückenflosse nicht vollständig fehlt. Es gibt Zwischenformen mit reduzierter Rückenflosse, bei der Teilweise nur noch ein bis zwei Flossenstrahlen übrig geblieben sind. Solche Tiere werden gewöhnlich aussortiert, ebenso jene, bei denen die Rückenlinie nicht, wie erwünscht, glatt verläuft, sondern durch einen oder mehrere Höcker entstellt wird. Gelegentlich werden solche Tiere jedoch exportiert, da im Westen von unerfahrenen Käufern nicht so strenge Maßstäbe angelegt werden.

Ein weiteres, wichtiges Merkmal ist die **Kopfform,** wenngleich diese auch nur zu den sekundären Merkmalen gerechnet wird. Die Kopfform ist

- **normal flach**
  einfacher Goldfisch, Shubunkin, Jikin oder Pfauenschwanz
- **spitz** (Mauskopf)
  Ryukin
- **breit ohne Hautwucherungen**
  Krötenkopf, Blasenauge
- **breit mit Hautwucherungen**
  hochköpfige Formen.

Die spitze Kopfform bezeichnen die Chinesen auch als

Fransenschwanz / Fringetail

Schleierschwanz / Veiltail

Gewellter Schwanz (Tosakin) / Curled Fantail (Tosakin)

Zeichnungen/drawings: K. Bernhardt

*Let us remain with the finnage for the time being and take a brief look at the **anal fin,** as there are only three types:*

- ***single**,*
- ***double**, and*
- ***missing**.*

However, this has no significance as regards classification. A single anal fin is the norm, but a double anal fin is a desirable feature, and this should be borne in mind when selecting fish for breeding. It is also worth mentioning that a double or missing anal fin usually occurs only in varieties with doubled tails, while the single anal fin is not restricted to any type.

*The **dorsal fin** is one of the primary characteristics even though there are again only three forms to be mentioned. These are:*

- ***normal dorsal fin***
  fantail, peacock tail, Tosakin, pearlscale
- ***elongated dorsal fin***
  veiltails, Moors and other dragon-eyes, Dutch Lionhead or Oranda, Red Cap Oranda or Tancho Oranda
- ***missing dorsal fin***
  lionhead, buffalohead or ranchu, celestial, eggfish, egg-phoenix, and bubble-eyes.

It may happen that the dorsal fin is not totally absent. There are intermediate forms with a reduced dorsal fin, some of which are left with only one or two fin rays, but such fishes are usually culled, as are those in which the dorsal profile is not, as desired, a smooth curve, but deformed by virtue of one or more humps. Occasionally, nevertheless, such a fish is exported, as inexperienced buyers from the West do not have such strict standards.

*The **form of the head** is a further important characteristic, even though it is nominally a secondary feature.*
The head can be:

- ***normally flat:***
  common goldfish, shubunkins, Jikin or Peacock-tail
- ***pointed** (mouse-head):*
  ryukins
- ***broad without hood development:***
  toad-heads, bubble-eyes
- ***broad with hood development:***
  high headed types.

The pointed head shape is also termed "mouse-head" by the

Mauskopf. Die Hautwucherungen auf Kopf, Wangen und Kiemendeckel, eine abnormale Entwicklung der Oberhaut, sind in China sehr beliebt, und die ganze Gruppe wird dort mit dem Begriff „Hochkopf" bezeichnet. Wie Sie sicher schon erraten haben, wird sie weiter unterteilt, je nachdem wie die Hautwucherungen ausgeprägt sind. Diese können

- **nur auf dem Kopf:**
  Gänsekopf oder Kappenfisch
- **gleichmäßig über den ganzen Kopf verteilt, aber nur schwach ausgebildet:**
  Tigerkopf, Büffelkopf oder Ranchu und
- **über den ganzen Kopf verteilt und kappenförmig ausgebildet** sein:
  Löwenkopf oder Oranda.

Bei den heutigen Zuchtformen sind diese Unterschiede jedoch oft nicht mehr so stark ausgeprägt und somit nicht immer leicht zu erkennen.
Oranda ist die Verkürzung des japanischen Namens *Oranda Shishigashira*, was übersetzt Holländischer Löwenkopf heißt. Dieser Name ist etwas irreführend und wird weiter unten noch genauer erklärt. Oft wird jedoch der Gänsekopf oder Kappenfisch fälschlich als Oranda bezeichnet.

Ebenfalls ein sekundäres Merkmal ist die Form der **Augen**, wobei früher, wie oben erwähnt, die Drachenaugen als primäres Merkmal betrachtet wurden.
Je nach Form unterscheiden wir

- **normal Tiere, ohne auffällige Augen**,
- **mit vergrößerten Augen**,
  Drachenaugen oder Teleskopaugen
- **mit vergrößerten, nach oben gerichteten Augen**,
  Himmelsgucker
- **mit Säcken unter den Augen**
  Blasenauge und Krötenkopf.

Beim Krötenkopf handelt es sich jedoch eigentlich um ein Blasenauge mit schwach ausgebildeten Blasen. In Japan nennt man das Drachenauge *Demekin* (wörtlich: Goldfisch mit hervortretenden Augen; Glubschauge), ein Name welcher in der Verkürzung *Deme* gelegentlich bei uns verwendet wird.
Die ersten Tiere mit sogenannten Drachenaugen, welche bei uns als Teleskopfische bezeichnet werden, traten wohl um 1592 auf und werden seit dieser Zeit gezüchtet. Sie können als der typisch chinesische Goldfisch schlechthin gelten. Schon auf Gemälden aus der Ming-Zeit und in vielen weiteren Kunstgegenständen werden immer wieder bevorzugt Drachenaugen dargestellt. Der Drache wird in der chinesischen Mythologie sehr geschätzt und wurde immer als kaiserliches Symbol und gar als Synonym für den Kaiser selbst verwendet.
Wie bei vielen bisher besprochenen Merkmalen sind auch die Drachenaugen nach dem Schlupf noch nicht zu erkennen. Etwa einen Monat später beginnen sich die Augen hervorzuwölben und nach zwei bis drei weiteren Monaten ist dieser Vorgang abgeschlossen. Die Entwicklung der wie geschwollen wirkenden Augen wird durch einen Defekt in der Netzhaut verursacht, welcher durch ein Hormon der Schilddrüsen ausgelöst wird.
Die Form der Augen, beziehungsweise der fleischigen Wülste, auf denen die Augen sitzen, kann recht unterschiedlich sein. Sie kann von traubenartig bis ballförmig variieren und die Wülste können nach der Seite oder mehr nach vorne gerichtet sein. Jedoch erscheint mir eine genauere Beschreibung wenig Sinn zu machen. Wünschenswert sind nur große, symmetrische und hervorstehende Augen, welche idealerweise die Form der Perlen des Abakus (chin. *suan-pan*) haben, einem chinesischen Rechen-

Chinese. Hood development, an abnormal growth of cuticular tissue on the head, cheeks, and opercula, is very popular in China where the entire group is referred to as "High-head". As you will probably have guessed by now, this group is further divided according to the form of the growth, which may be:

- ***limited to the top of the head:***
  goose-heads, high-heads, or capped fish,
- ***extending uniformly all over the head, but sparse in its growth:***
  tigerheads, buffaloheads or ranchu, and
- ***extending all over the head and enlarged on the top like a hood:***
  lionheads and orandas.

In modern varieties, however, these differences are often not very prominent and hence not always easy to recognise.

Oranda is the abbreviation of the Japanese name Oranda Shishigashira, *which translates as Dutch Lionhead. This name is somewhat misleading and will be explained in more detail below. The Goose-Head or Capped Fish is often wrongly called Oranda.*

The ***form of the eyes*** *is a further secondary characteristic, with dragon eyes, as already mentioned, formerly considered a primary characteristic.*

They are differentiated as follows, according to their shape:

- ***normal fish, without unusual eyes,***
- ***enlarged eyes,***
  dragon-eyes or telescope-eyes
- ***enlarged eyes turned upwards,***
  celestials
- ***with sacs under the eyes,***
  bubble-eyes (globe-eyes) and toadheads.

The toadhead is actually a bubble-eye with weakly developed bubbles. In Japan the dragon-eyes are called Demekin *(literally: goldfish with bulging eyes), and this name is occasionally used by us in its abbreviated form 'deme'.*
The first fish with so-called dragon-eyes, better known to us as telescope-eyes, appeared in 1592 and has been cultivated ever since. They can be regarded as the typical Chinese goldfish. By the time of the Ming Dynasty, Dragon-eyes were preferred subject matter for paintings and many other works of art. The dragon is highly esteemed in Chinese mythology and was always used as an imperial symbol, and even as a synonym for the emperor himself.

As with many of the other characteristics described so far, Dragon-eyes are not recognisable immediately after hatching. About a month later the eyes begin to bulge outward, and after two or three months more the development is complete. The development of these swollen-looking eyes is caused through a defect in the retina, which in turn is triggered by a hormone released from the thyroid gland.

The form of the eyes, or rather, of the fleshy bulge on which the eyes rest, can be quite variable. It can vary from the form of a bunch of grape to that of a ball, and the bulge can sit either to the side or more to the front. A more precise description seems pointless, however. Only large, symmetrical, and protruding eyes are desirable, and they should ideally have the form of the beads of the Chinese abacus (Chinese suan-pan*), ie flattened at the opposing poles. Dragon-eyes of this type are sometimes called Abacus-Pearl-Dragon-eye (Chinese* suan-pan-zhu long-

brett, dessen Kugeln an den gegenüberliegenden Polen abgeflacht sind. Diese Tiere werden auch Abacusperlen-Drachenauge (chin. *suan-pan-zhu long-jing*) oder Abacusperlen-Schmetterlingschwanz (chin. *suan-pan-zhu die-wei*) genannt.
Oft werden auch Drachenaugen mit Pompons oder Nasenbukett gezüchtet. In diesem Falle ist der längliche Mauskopf wiederum äußerst wünschenswert, um beide Merkmal deutlich sehen zu können. Des weiteren gibt es auch Drachenaugen mit mehr oder weniger starken Kopfwucherungen, jedoch sehen Tiere mit beiden Merkmalen nicht sehr gefällig aus und oft werden die Drachenaugen durch die Kopfwucherungen teilweise verdeckt. So wirken gerade die Rotkappen-Drachenaugen durch die oft bläulich gefärbten Augenwülste nicht sehr attraktiv. Noch weniger attraktiv scheint mir das Zusammentreffen von Drachenaugen, Nasenbukett und Hochkopf.
Das klassische Drachenauge gibt es mit kurzen, normalen und lang ausgezogenen Flossen, wobei Tiere mit Schmetterlingschwanz besonders geschätzt werden.
Die Pupille ist, unabhängig von der Augenform, immer schwarz gefärbt, wenn es sich nicht gerade um Albinos handelt, und wird in der Regel von einem schmalen, gold- oder silberfarbenem Ring umgeben, um welchen wiederum ein breiterer, unterschiedlich gefärbter Ring liegt.

Die letzten beiden sekundären Merkmale schließlich, welche den Körperbau betreffen, sind relative junge Züchtungen. Hierzu gehört die Form der **Nasenhöcker** und der **Kiemendeckel.** Letztere sind entweder

- **normal geformt** oder
- **aufgebogen**.

Diese mehr oder weniger aufgebogenen Kiemendeckel werden als Quellkiemen bezeichnet. Ist der Kiemendeckel fast völlig umgefaltet, sind die rötlich gefärbten Kiemenrechen gut sichtbar und stehen im Kontrast zur restlichen Körperfarbe.
Bei den Nasenhöckern handelt es sich um die Scheidewand zweier in der Mitte geteilter Gruben mit Geruchsnerven. Diese Höcker können entweder

- **normal, kaum verlängert** sein oder
- **Hautwucherung (Nasenbukett)** bilden.

Diese Hautwucherungen werden Pompons genannt und formen idealerweise kompakte Kugeln, welche den Tieren oft vor den Augen hängen. Sie treten immer paarweise auf, also entweder zwei (je einen pro Nasenhöcker) oder vier (je zwei pro Nasenhöcker). Diese Gebilde wurden von Dr. Shi-san C. Chen, der 1925 den Goldfisch erstmals systematisch untersuchte und klassifizierte, Nasenbukett genannt, doch werden sie auch recht häufig als Pompons oder Plüschbälle bezeichnet. Im Chinesischen heißen sie Daunen- oder Samtball (*rong-qiu*) und auf japanisch *hanafusa*, was als Nasenquaste übersetzt werden kann.
Die Färbung kann der des restlichen Körpers entsprechen, oder aber im Kontrast zu dieser stehen. Tiere mit dunkler Körperfarbe wie schwarz, blau, braun oder bronzefarbig mit roten bis hellroten oder weißen Pompons sind natürlich viel begehrter. Seltener sind zweifarbige Pompons, welche dann in zwei Paaren auftreten, wie z. B. bei rotschwarzen Tieren mit ebensolchen Pompons.
Zu besprechen bleiben jetzt noch zwei sekundäre Merkmale, welche nicht die Körperform, sondern das Aussehen betreffen, nämlich die Beschuppung und die Färbung.
Bei den **Schuppen** handelt es sich um in die Unterhaut (Dermis) eingebettete Knochenplättchen. Ein reflektierendes Gewebe, welches durch die Ablagerung von Iridocyten, das sind Guaninpartikelchen, gebildet wird befindet sich in mehreren Schichten direkt unter den Schuppen und tiefer in der Haut. Es verleiht den Schuppen ihren metallischen Glanz. Dieses reflektierende

jing) or Abacus-Pearl-Butterfly-Tail (Chinese suan-pan-zhu die-wei).

Often, dragon-eyes with pompons or a narial bouquet are also bred. In this case, once again the longish mouse-head is desirable, so that both the characteristics can be seen clearly. In addition, dragon-eyes with more or less well-developed head growths are also to be found, but fishes with both these characteristics together in fact do not look very attractive, and often the dragon-eyes become partially covered by the head growth. Thus the Red Cap Dragon-eye does not appear very attractive on account of the often bluish-coloured eye bulge. Even less attractive to me is the combination of dragon-eyes, narial bouquet, and high-head.

The classic dragon-eye may have short, normal, or elongated fins, with fishes with a butterfly tail being especially prized.
The pupil is, independent of the shape of the eye, always black (except in the albinos), and is generally surrounded by a thin golden or silver ring, around which there is in turn a broader ring of variable colour.

The last two secondary characteristics relating to the structure of the body are relatively recently- developed features, namely the form of the **narial septum** *and the* **opercula or gill covers.** *The latter may be either*

- ***of normal shape****, or*
- ***upturned (curled)****.*

These more or less upturned opercula are termed curled gill covers. If the opercula are almost completely everted then the red-coloured gills are visible and create a contrast with the rest of the body colour.
The narial septum is the partition which divides the nostril cavity into two, and contains the olfactory nerves. This septum can be either

- ***normal and barely enlarged****, or*
- ***with excessive growth of the septum****.*

These septal growths are called pompons and ideally take the form of compact balls, which often hang in front of the eyes of the fish. They always occur in pairs, i.e., either in twos (one per narial septum) or in fours (two per narial septum).
This type of growth was termed narial bouquet by Dr. Shi-san C. Chen, who systematically investigated and classified the goldfish for the first time in 1925. However, they are often also termed pompons or plushballs. In Chinese they are called down or velvet balls (rong-qiu)*, and in Japanese,* hanafusa*, which can be translated as nasal tuft or tassel. Their colour can match with that of the rest of the body or be in contrast to it. Fishes with a darker body colour such as black, blue, brown, or bronze and red to pink or white pompons are, naturally, much more highly prized. Bicoloured pompons are less common and usually occur in two pairs, as, for example, in the red and black goldfish with pompons of the same colours. Two secondary characteristics remain to be discussed, which relate not to the shape of the body but to its appearance: namely the squamation (scalation) and the coloration.*

The **scales** *are little bony plates embedded in the dermis, i.e. the deeper layer of the skin. A reflective tissue, composed of guanine particles called iridocytes, which is found in several layers immediately beneath the scales and deeper in the skin, gives the scales their metallic lustre. This reflective tissue is better-developed on the back. If this layer of guanine is missing as a result of mutation, then the fish appears lustreless or*

Gewebe ist im Bereich des Rückens stärker ausgeprägt.
Fehlt diese Schicht, aufgrund einer Mutation, so wirken die Tiere schuppenlos oder matt (chin. *tou-ming*, jap. *tômei*, d.h. transparent). Sowohl die normale, als auch die matte Beschuppung sind dominante Vererbungsmerkmale. Durch Kreuzung von Tieren mit normaler und matter Beschuppung entsteht die perlmuttartige Teilbeschuppung (chin. *ban tou-ming*, d. h. halb transparent), welche man auch als gesprenkelt bezeichnet. In chinesischen Namen wird diese Beschuppung auch durch das Wort Glas (*bo-li*) bezeichnet.
Ein als **Perlschuppen** (chin. *zhen-zhu lin* oder kurz *zhen-zu*) bezeichneter Effekt entsteht durch zusätzliches Kalziumkarbonat, welches auf den Schuppen ablagert wird. Diese wirken dadurch wie halbierte Perlen. Sie sind härter als normale Schuppen und verleihen den Fischen eine pastellartige Färbung. Bei den Perlschuppen handelt es sich um ein relativ junges Merkmal, während die matte Beschuppung in China ab etwa 1596 bekannt ist.
Eine weitere, relativ junge Variation ist die netzartige Form. Bei ihr befinden sich die Guaninablagerungen hauptsächlich unter den Schuppen und fehlt sowohl um dieselben, als auch auf den Kiemendeckeln. Im Gegensatz hierzu sind bei den perlmuttartigen oder teilbeschuppten Tieren die Kiemendeckel durch eine Guaninschicht metallisch glänzend, die Schuppen jedoch eher transparent. Die Mischung aus dieser netzartigen und der matten Form sollen besonders farbenprächtige, matte Tiere sein, welche als pseudo-matt bezeichnet werden.
Wir unterscheiden somit fünf Gruppen, nämlich Tiere mit

- **normaler (metallischer)** oder
- **matter,** bzw. **halbmatter Beschuppung**,
- **perlmuttartige** oder **teilbeschuppte** Tiere,
- **scheinmetallische (netzartige) Beschuppung** und solche mit
- **Perlschuppen.**

transparent, almost scaleless. This type is called matt (Chinese tou-ming, *Japanese* tômei, *i.e. transparent). Both the normal metallic and the matt type of scalation are dominant inheritable characteristics. The crossbreeding of normal and matt-scaled fish results in a mother-of-pearl-like appearance, also termed nacreous (Chinese* ban tou-ming, *i.e. semi-transparent) or sometimes mottled. In Chinese goldfish names this type of scalation is also indicated by the word for glass (*bo-li*).*

Another effect, called ***pearl-scales*** *(Chinese* zhen-zhu lin *or* zhen-zu *for short), is caused by additional calcium carbonate deposited on the scales. They look like halved pearls and are harder than normal scales, and give the fish a rather pastel coloration. Pearl-scales are a relatively modern characteristic, while the lustreless or matt scalation has been known in China since about 1596. A further, relatively recent, variety is the reticulated or mock-metallic form. Here the guanine is deposited mainly under the scales and is missing around them as well as on the opercula. In total contrast, in the nacreous goldfish and those with partial squamation the opercula are metallic due to a guanine layer, while the scales are instead transparent. Crosses between the mock metallic and the matt types are matt fish with especially splendid coloration, and are termed pseudo-matt.*

We thus differentiate the following five groups as regards scalation:

- ***normal metallic,***
- ***matt or pseudo-matt,***
- ***nacreous or mottled,***
- ***mock-metallic (reticulated) scales,*** *and*
- ***pearl-scales.***

Für die **Färbung** schließlich sind verschiedene Pigmentzellen (Chromatophoren), wahrscheinlich deren vier, verantwortlich, welche je nach Tiefe ihrer Lage in der Haut, ihrer mehr oder weniger konzentrierten Verteilung über die Oberfläche, ihr Fehlen oder durch Mischung untereinander die verschiedenen Färbungen hervorbringen. Bei diesen Pigmentzellen handelt es sich um schwarze (Melanophoren), gelbe (Xanthophoren), rote (Erythrophoren) und orange (Lipochrome) Zellen. Hinzu kommen noch die Iridozythen, welche für den metallischen Glanz verantwortlich sind.
Auch die chemische Zusammensetzung und die Konzentration von Melanin und Xanthin bringen unterschiedliche Schattierungen hervor. Genauere Untersuchungen über die verschiedenen Pigmente bei Goldfischen fehlen jedoch und somit ist nicht sicher, welche Art von Melanin produziert wird, das Vorhandensein von Lipochromen ist nicht gesichert.
Bei der Wildform, dem Giebel, fehlen die orangen Lipochrome

Zwei unterschiedliche Formen der Beschuppung: oben ein Shubunkin der transparenten oder schuppenlosen Form, unten ein Kaliko-Drachenauge mit Fransenschwanz der perlmuttartigen oder teilbeschuppten Form. (photos: F. Teigler)

Two different types of squamation: on top a Shubunkin od the transparent or scaleless form, below a Calico Dragoneye with fringtail of the nacreous or partially scaled type. (photos: F. Teigler)

Various types of pigment cell (chromatophores) (most probably 4 different types) are ultimately responsible for the ***coloration.*** *Each of these pigment cells can create different colours, depending on the depth of its location in the skin, its greater or lesser concentration across the surface, its absence, or its combination with others. The chromatophores in question are those for black (melanophores), yellow (xanthophores), red (erythrophores), and orange (lipochrome). In addition there are the iridocytes, which are responsible for the metallic glaze. The chemical composition and the concentration of melanin and xanthine also cause different degrees of shading. However, there have been no detailed studies of the various pigments in the goldfish, and hence it remains uncertain which type of melanin is produced, while the presence of lipochrome has not been confirmed. In the wild form of the goldfish the orange and red pigments are absent; only the black melanophores and yellow xanthophores are present, creating a silver-grey coloration.*

sowie die roten Erythrophoren. Nur die schwarzen Melanophoren und die gelben Xanthophoren sind vorhanden und geben ihm seine silbergraue Färbung.
Weißen Goldfischen fehlen alle vier Arten von Pigmentzellen. Bei vorhandener Guaninschicht sind die Tiere silberigweiß, fehlt das Guanin erscheinen sie transparent. Erst wenn jedoch auch der Iris die Farbpigmente fehlen und das Auge rot erscheint, können wir von Albinos sprechen.
Sind nur Erythrophoren vorhanden, erscheint der Fisch in sattem Rot, sind nur gelbe Pigmentzellen vorhanden, erscheint er, je nachdem wie tief die Zellen in der Haut liegen gelb, golden oder orange. Mit der gelben Farbe hat es ebenfalls eine besondere Bewandtnis; gelb war die kaiserliche Farbe und nur diesem vorbehalten. Darum wurde diese Farbrichtung im alten China nie gezüchtet und ist heute noch sehr selten.
Auch bei den Melanophoren gibt die Lage den Ton an. Befinden sich die schwarzen Pigmente mehr in der oberen Hautschicht, erscheint das Tier in sattem Schwarz, liegen die Farbpigmente tiefer in der Haut (Unterhautfettgewebe) ist die Farbe bläulich bis blauschwarz. Die eisenfarbige und bronzene Färbung wird durch die Mischung von schwarzen und gelben Pigmentzellen gebildet.
Neben der Mischung verschiedener Pigmente können natürlich auch einzelne Pigmente auf bestimmte Körperregionen begrenzt sein, wodurch die zwei-, drei-, und mehrfarbigen Varianten entstehen.
Eine etwas eigenständige Stellung nehmen die in China als fünffarbig (*wu-hua*, wörtl. fünffach gemustert) oder bunt (*cai-se*) bezeichneten Tiere ein. In Japan nennt man diese Farbrichtung kaliko, womit eigentlich ein gemusterter Baumwollstoff (Kattun) bezeichnet wird. Dieser Name ist zwar auch bei uns gebräuchlich, doch möchte ich hier der Bezeichnung „fünffarbig" den Vorzug geben, da er dem chinesischen Namen besser entspricht und mir klarer erscheint.
Die Färbung besteht aus einer Mischung von rot, schwarz, blau, weiß und orange und wird durch das Auftreten von metallischen und matten Schuppen noch weiter variiert. Es gibt Tiere, bei denen ein weißer bis blauweißer Grundton überwiegt bis zu solchen, bei denen vier der Farben kräftig und gleichmäßig vorkommen und das Ganze von einem schwarzen Tupfen- oder Streifenmuster überzogen ist.
Übrigens kann der Bereich um den Augapfel von der restlichen Körperfärbung abweichen und bei manchen Zuchtformen unterschiedlich sein. Die Pupille ist jedoch immer schwarz, außer bei reinen Albinos.
Beim Shubunkin, einem karpfenförmigen, fünffarbigen Tier, ist ein schwarzer Ring um das Auge wünschenswert, wodurch dies zusammen mit der schwarz gefärbten Pupille recht groß erscheint. Auch bei anderen fünffarbigen Arten tritt dies häufig auf und bei den schwarz oder blauschwarz gefärbten Tieren ist dies die normale Färbung, seltener sind bei diesen die Ringe goldfarben.
Bei den verschiedenen anderen Formen finden wir einen roten, rotgoldenen bis goldenen Ring um den Augapfel, etwas seltener und weniger erwünscht sind blaue Ringe. Relativ selten, doch ebenfalls unerwünscht sind Tiere mit einem roten und einem blauen Ring.
Völlig unabhängig von der Färbung der Eltern sind jedoch alle jungen Goldfische nach dem Ausschlüpfen fast farblos und zeigen ein blasses Grau, welches sich langsam dunkler färbt, bis die Tiere nach einem Monat fast schwarz erscheinen. Nach einem weiteren Monat hellt sich die Farbe vom Bauch her auf, bis die endgültige Färbung erreicht ist. Diese Umfärbung entsteht durch eine enzymbedingte Zerstörung bestimmter Pigmentzellen.
Der Zeitraum bis zum Erreichen der endgültigen Färbung ist bei den verschiedenen Varianten unterschiedlich lang. Die rotmetallischen Tiere sind in der Regel nach sechs bis neun

In white goldfish all four types of pigment cells are absent. If the guanine layer (iridocytes) is present then the fish is silvery-white, but if it is missing then the fish appears transparent. Only when the iris is also unpigmented, and the eye appears to be red, can the fish be termed albino. If only red pigment is present then the fish exhibits a rich red coloration, while if only yellow pigment is present, then, depending upon the depth at which the pigment cells lie in the skin, the fish appears yellow, gold, or orange. Yellow coloration has a special significance: yellow was the imperial colour and thus reserved only for the emperor. For this reason this colour line was never bred in ancient China and is still very uncommon today.

When it comes to the melanophores it is likewise the position that controls the degree of colour. If the pigment is found more in the upper layers of the skin then the fish appears jet-black, but if the pigment cells lie deeper in the skin (in the adipose tissue of the lower layer) then the colour is bluish to blue-black. Iron-coloured and bronze coloration results from a mixture of black and yellow pigment cells. Of course not only a mixture of various pigments but also individual pigments may be restricted to particular parts of the body, creating the bi-, tri- and multi-coloured variant.

In China the coloration termed "pentacolour" (Chinese wu-hua; literally "five-fold patterned") or colourful (cai-se) occupies a rather special position In Japan and in the English-speaking world this coloration is better known as calico, which is actually a type of patterned cotton material. Even though calico is also used in other countries, I prefer the term "pentacolour", as it corresponds more closely to the Chinese name and appears clearer to my mind. This coloration is composed of red, black, blue, white and orange, with further variations created by the presence of metallic and matt scales.

There are fish with a predominantly white to bluish-white base colour ranging to others in which four of the colours are expressed with equal boldness and the whole overlain with a pattern of black dots or stripes. By the way, the coloration of the area around the eyeball can differ from the rest of the body and is variable in some cultivated varieties. The pupil is, however, always black, except in true albinos.

In the shubunkin, a carp-shaped fish with calico coloration, a black ring around the eye is desirable, since the eye, together with the black pupil, will thus appear very large. This ring also commonly occurs in other calico varieties, while in the black or bluish-black types it is the normal coloration, although less frequently a golden ring is seen.

Amongst the various other types a red or golden-red to gold ring may surround the eyeball, while a blue ring is somewhat rarer and also less desirable. Likewise quite uncommon, and equally undesirable, are fish with one red and one blue ring. Whatever the coloration of their parents, all young goldfish are almost colourless after hatching and exhibit a pale grey colour which slowly gets darker, until after a month they appear almost black. Another month later the colour on the belly gets lighter until the final colour is attained. This change of colour takes place by means of enzymic destruction of certain pigment cells.

The time taken to attain the eventual coloration varies from variety to variety. Red metallic fishes are generally fully coloured after six to nine months; the calico varieties begin to change colour earlier but require the longest time to reach their permanent coloration. In a few varieties the blackish juvenile

Monaten ausgefärbt, die fünffarbigen (kaliko) Varianten beginnen mit der Umfärbung zwar früher, benötigen aber bis zum Erreichen einer stabilen Färbung am Längsten. Bei wenigen Varianten fehlt die schwärzliche Jugendfärbung völlig. Hierzu gehören neben den Albinos die bronzefarbenen Tiere, welche eine gelbliche Jugendfärbung haben.
Im Folgenden können wir also vier verschiedene Farbrichtungen unterscheiden:

- **einfarbige** Tiere in
  rot, orange, schwarz, blau, bronzefarben, schokoladenbraun, eisenfarben und weiß
- **zweifarbige** Tiere in
  rot-weiß, rot-schwarz, schwarz-weiß, rot-bronze und blau-bronze
- **dreifarbige** Tiere in
  rot-weiß-schwarz, rot-weiß-blau, schwarz-weiß-blau und
- **mehrfarbige** Tiere in
  fünffarbig oder kaliko mit rot, orange weiß, schwarz und blau.

Ganz weiße Tiere sind übrigens relativ selten und wurden zumindest früher häufig aussortiert, da die Farbe der traditionellen Trauerkleidung der Chinesen weiß war und somit Tiere dieser Färbung nicht sonderlich geschätzt wurden. Sollten Sie sich nun fragen, was eine Braut zur Hochzeit trug, so können wir auch hierauf die Antwort bei den Goldfischen finden. Bei allen Aufzählungen der Farbvarianten wurde und wird immer zuerst rot genannt, da dies auch die bei weitem häufigste Färbung der Tiere darstellt, abgesehen vom Drachenauge, wo der Schwarze Teleskopfisch am häufigsten ist. Rot wird als eine glückbringende Farbe betrachtet und somit war das traditionelle Brautkleid immer rot und im alten China trug auch der Bräutigam gekreuzte rote Bänder auf der Brust.
Die Namen der verschiedenen Variationen können je nach Ort unterschiedlich sein (Elster – Panda). Die chinesischen Namen orientieren sich mehr an Form und Farbe, wobei Personen oder Tiere aus der chinesischen Mythologie Pate sein können, die japanischen Namen beziehen sich meist auf den Ort des ersten Auftretens. In westlichen Ländern werden Teils die übersetzten chinesischen Namen, Teils die (unübersetzten) japanischen Namen verwendet. Für neuere Zuchtformen sollte als Name die eigentliche Zuchtform plus der sekundären Merkmale verwendet werden, z. B. Eierfisch mit Nasenbukett und Drachenaugen oderTeleskop-Pompon-Eierfisch, ohne jedoch irgendwelche Bandwürmer zu erzeugen, die man sich nicht merken kann.

colour is completely absent; herein are the albinos, including the bronze individuals, which have a yellowish juvenile coloration.

We can thus differentiate four different main colour lines in the following list:

- ***monochrome***
  red, orange, black, blue, bronze, chocolate brown, iron-brown, and white
- ***bi-colored***
  red & white, red & black, black & white, red & bronze, and blue & bronze
- ***tri-colored***
  red-white-black, red-white-blue, black-white-blue, and
- ***multi-coloured***
  calico with red, orange, white, black, and blue.

Completely white fish are quite rare because in the past, at least,they were always culled; in China white is traditionally the colour of mourning and hence the white fish was not particularly esteemed. If you feel moved to ask "Then what colour did the bride wear?", then here too the answer lies with the goldfish. Of all the colour variations of this fish, it is always red that is mentioned first. It is also the most common colour except in the Dragon-eyes, where the Black Moor is most common. Red was considered to be a lucky colour, and hence the traditional bridal dress was always red, while in ancient China even the bridegroom wore crossed red ribbons on his chest.

The names of the different varieties can differ from place to place (e.g. Magpie or Panda). Chinese names are usually based on form and colour, although people and animals from Chinese mythology may also be involved; while Japanese names mostly refer to the place of origin of the fish. In the West the names used are partly translated Chinese names and partly non-translated Japanese names. In the case of new breeds the names should indicate the basic breed type plus any secondary characteristics, e.g. Egg Fish with Narial Bouquet and Dragon Eye, or Telescope-Pompon-Egg-Fish, but without creating cumbersome overlong names that are difficult to remember.

Die Zuchtformen im einzelnen
The Individual Cultivated Varieties

Karpfenförmige Goldfische

Dieser Typ hat noch immer den langgestreckten, stromlinienförmigen Körper der Wildform und ist somit ein guter Schwimmer. Es ist der Ursprung aller weiteren Arten und für die Teichhaltung bestens geeignet. Dort wachsen die Tiere schnell und können bei mildem Klima bereits nach drei Jahren 30 Zentimeter Länge und 500 Gramm Körpergewicht erreichen. Die karpfenförmigen Goldfische lassen sich in solche mit normaler und mit lang ausgezogener Schwanzflosse unterteilen, jedoch sind durch Kreuzung auch Tiere mit nur leicht verlängerter Schwanzflosse möglich.

The Carp-shaped Goldfish

This type still retains the elongate streamlined form of the wild type and hence is a good swimmer. It is the ancestor of all other breeds and best suited to the garden pond, where it grows quickly and, in a mild climate, can reach a length of 30 centimetres and weigh 500 grams within as little as three years. The carp-shaped goldfish can be sub-divided into those with a normal tail and those with an elongated tail; however crossbreeding can also produce specimens with an only slightly elongated tail.

Eigentliche Goldfische

Bei den Formen mit kurzem Schwanz finden wir neben dem eigentlichen, rötlichen Goldfisch (chin. *jin ji*, Goldgiebel) noch folgende Farbvarianten: gelb, rotweiß, rotschwarz, schwarz und fünffarbig (kaliko). Rotweiß gefärbte Tiere werden in Japan auch **Sarasa** genannt, wobei es sich um ein Lehnwort aus dem portugiesischen (saraça) handelt und einen gemusterten Wollstoff bezeichnet. Die Chinesen nennen diese Färbung *'hua'*, d. h. gemustert oder gemalt. Tiere mit gelblicher bis orangeroter Färbung nennt man in Japan **Hibuna** (d. h. Gelber Giebel). Zusätzlich können auch Drachenaugen auftreten, wie beim **Schwarzen Drachenaugen-Giebel** (chin. *hei long-jing ji*) oder dem **Rotschwarzen Drachenaugen-Giebel** (*hong-hei long jing ji*), einer Farbkombination, welcher in China auch „In-Eisen-Gehülltes-Gold" (*tie bao qin*) genannt wird.

Als weitere Variante mit eigenständigem Namen wären hier noch der **London-Shubunkin**, ein fünffarbiger Goldfisch, zu erwähnen, sowie der **Yanagidemekin**, ein mattes, dreifarbiges Drachenauge mit einfacher Schwanzflosse, welches um 1949 oder 1950 von einem Herrn Sasaki in Tokyo aus einer Kreuzung von Dreifarbigem Drachenauge und Shubunkin gezüchtet worden sein soll.

Die einfache, kurzflossige, rote Form war wohl auch die erste, welche nach Japan gebracht wurde, wo sie später, als weitere Formen aus China kamen, **Wakin**, das heißt „japanischer Gold(fisch)", genannt wurde, um sie von den neueren Formen zu unterscheiden. Heute bezeichnet man als Wakin jedoch Tiere mit geteilter Schwanzflosse.

Das Schriftzeichen *„wa"* bedeutet eigentlich Harmonie, Frieden und als *„to"* ausgesprochen erscheint es in *Yamato* (wörtl. großer Friede), einem alten Name für Japan. In diesem Sinne wird es jedoch nur in Wortzusammensetzungen wie *„wajin"* (veraltet für Japaner) verwendet.

Kometfische

Die Formen mit langer Schwanzflosse werden in China als **Schwalbenschwanz** (*yan wei*), in Japan und der westlichen Welt nach ihrem englischen Namen als **Komet** bezeichnet. Die Schwanzflosse kann Körperlänge erreichen oder gar überschreiten, ihre Form ist entweder eher länglich mit spitzen oder abgerundeten Enden oder aber breit ausladend. Bei manchen Tieren kann zusätzlich auch die Rückenflosse verlängert sein. Beim eigentlichen Kometen handelt es sich um eine amerikanische Züchtung, welche wohl erstmals um 1880 in den Teichen der „Fish Commission" in Washington auftrat.

Beim Kometen kennen wir rote, rotweiße, schwarzgoldene und dreifarbige (rot-weiß-schwarze) Formen, eine Sonderform ist der **Tancho-Komet** (jap. *tanchô*, Zinnoberscheitel; chin. *zhu-ding*, Rotscheitel) mit weißem Körper und roten Fleck auf dem Kopf. Eine weitere Form ist der **Eisenfarbige Goldfisch** oder **Eisenfarbige Komet** (chin. *tie-jin*, jap. *tetsugyô*), eine Rückkreuzung zwischen Schwalbenschwanz und Giebel, welche 1922 erstmalig auf einer Ausstellung in Tokyo gezeigt wurde.

Durch ihren gedrungenen Körperbau unterscheiden sich Nymphe und Sabao deutlich von den karpfenartigen Goldfischen und tatsächlich handelt es sich hier um einen Ryukin mit einfacher Schwanzflosse, was nicht zu selten unter dessen Nachkommen zu finden sind. Die **Nymphe**, in Japan auch **Fukinagashi** (Wimpel- oder Bannerschwanz) genannt, hat eine lange, triangelförmige Schwanzflosse ohne, oder mit geringer Einbuchtung, welche gespreizt getragen wird. Stark eingebuchtet ist die Schwanzflosse des **Sabao** (jap. Makrelenschwanz), welcher in Japan nach der Provinz seiner Herkunft auch **Yamagata** genannt wird.

Shubunkin

Während in Europa und den USA Kometfische mit hellerer

The Common Goldfish

The form with a short caudal fin includes not only the original red goldfish (Chinese jin-ji, *gold carp) but also the following colour variations: yellow, red and white, red and black, black, and variegated or calico. The red and white fish is termed* ***Sarasa*** *inJapan – this is actually a word borrowed from Portuguese (saraça), denoting a patterned woollen cloth. The Chinese call this colouring "*hua*" which means "painted" or "patterned". Fishes with yellow or orange coloration are termed* ***Hibuna*** *(i.e. yellow carp) in Japan.*

In addition there are dragon-eye forms such as the ***Black Dragon-eye*** *(Chinese* hei long-jing ji*) or the* ***Red and Black Dragon-eye*** *(*hong-hei long-jing ji*), a colour combination which is also termed "gold wrapped in iron" (*tie bao jin*) in China.*

Other varieties with individual names are the ***London Shubunkin,*** *a calico goldfish, and the* ***Yanagidemekin,*** *a matt, tri-color dragon-eye with a simple caudal fin, which was bred in 1949 or 50 by a Mr. Sasaki in Tokyo by crossbreeding a tri-color Dragon-eye and a Shubunkin.*

The simple, short-finned, red form was almost certainly the first goldfish to be brought over to Japan, where subsequently, as more breeds arrived from China, it was called the ***Wakin,*** *meaning "Japanese Gold(fish)", in order to differentiate it from the newer types. Today, however, goldfish with a double caudal fin are termed Wakin.*

The character wa *actually means "harmony" or "peace" and, pronounced "to", it appears in Yamato (lit. great peace), an old name for Japan. In this sense, however, it is used only in compound words like* wajin, *an old term for Japanese people.*

rechts/right: Wakin, links /left: Sarasa Goldfisch/Sarasa Goldfish
photo: K. Bernhard

The Comet

The breeds with a long caudal fin are termed ***Swallowtail*** *(*yan wei*), in China, while in Japan and the West they are referred to by their English name of* ***Comet.*** *The caudal fin can be as long as the length of the body or even longer; its shape is either longish with pointed or rounded ends, or broad and spreading. In some fish the dorsal fin may also be prolonged. The original Comet is an American breed, which surfaced for the first time in 1880 in the ponds of the Fish Commission in Washington.*

Recognised forms of the Comet include red, red and white, black and gold, and tri-color (red-white-black) types. A special type is the ***Tancho Comet*** *(Japanese* tanchô, *cinnabar crown; Chinese* zhu-ding, *vermilion crown), which has a white body and a red spot on the head. Other types are the* ***Iron-coloured Goldfish*** *or* ***Iron-coloured Comet*** *(Chinese* tie-jin, *Japanese* tetsugyô*), a backcross between a swallowtail and a common goldfish, which was shown for the first time in 1922 at an exhibition in Tokyo.*

The Nymph and the Sabao are clearly distinct from the carp-like

Färbung bevorzugt werden, erhielt in Japan der fünffarbige Schwalbenschwanz den Namen **Shubunkin** (wörtl. Zinnobergemusterter Goldfisch), welcher auch bei uns verwendet wird. Diese ursprüngliche japanische Variante ist ungeachtet ihrer einfachen Form und großen Verbreitung eine relativ jung Züchtung, welche 1900 von einem Herrn Akiyama gezüchtet wurde. Sie ähnelt dem Kometen, ohne jedoch die Länge seiner Schwanzflosse zu erreichen. In Handel wird er daher auch gelegentlich **Komet-Shubunkin** genannt.
Als eigenständige Formen kennen wir den **amerikanischen Shubunkin** mit geringer Körperhöhe und sehr langer, tief gegabelter, spitzer Schwanzflosse und ebenfalls lang auslaufenden, spitzen Brust- und Bauchflossen. Interessanterweise wurde der Shubunkin aus einer Kreuzung zwischen einem fünffarbigen Drachenauge und der Wildform gezüchtet.
Daneben gibt es den **Bristol-Shubunkin** mit normaler Körperhöhe (ca. 1/3 der Rumpflänge) und breiter, gegabelter Schwanzflosse mit gerundeten Enden. Die restlichen Flossen sind verlängert und an den Enden ebenfalls gerundet. Beide Formen haben matte oder perlmuttartige Beschuppung, metallisch glitzernde Schuppen dürfen zwar Auftreten, allerdings gelten größere Flächen mit Glitzerschuppen beim Bristol-Shubunkin als Fehler. Die Varianten London- und Bristol-Shubunkin wurden in der Zeit zwischen den beiden Weltkriegen in England herausgezüchtet.
Obwohl Shubunkin eigentlich zum fünffarbigen (kaliko) Farbtyp gehören, gibt es neuerdings auch Tiere, bei denen ein weißer, blauweißer oder bläulicher Grundton überwiegt, welcher neben den schwarzen Sprenkeln keine oder wenige rötliche Flecken zeigt. Bei der ursprünglichen Färbung kommen rot, orange, blau und weiß kräftig und gleichmäßig vor, wobei das Ganze von einem schwarzen Tupfen- oder Streifenmuster überzogen ist.

Wen-yu-förmige Goldfische

Die Wen-yu-förmigen Goldfische dürften wohl die größte der drei Gruppen darstellen. Hierbei handelt es sich um gedrungen bis fast rundliche Goldfische mit Rückenflosse und geteilter, drei- oder vierlappiger Schwanzflosse, also die Form, welche bei uns irrtümlich unter dem großen Sammelbegriff „Schleierschwanz" geführt wird. Neben der schleierförmigen Schwanzflosse kommen jedoch noch weitere Formen vor, wie etwa dem Fransenschwanz und dem Schmetterlingschwanz, etc.
Sie lassen sich weiter unterteilen in die eigentlichen Wen-yu Goldfische und die hochköpfige Goldfische. Beide Gruppen können zusätzlich noch Perlschuppen, Drachenaugen, Pompons und Quellkiemen aufweisen.

Einfache wen-yu Goldfische

Eine Sonderstellung nehmen die Tiere ein, welche zwischen den karpfenförmigen und dem wen-yu-förmigen Goldfische stehen, welche ich hier besprechen möchte. Dies sind vom Körperbau her normale Goldfisch der gerade besprochenen Form mit kurzer, geteilter, drei-, seltener vierlappiger Schwanzflosse. Diese Form ist wohl die Urform aller heutigen Hochzuchtformen mit geteilter Schwanzflosse. Sie ist jedoch bis auf wenige Varianten nicht sehr beliebt und wird nicht extra gezüchtet, kommt aber immer wieder unter den Nachkommen der Hochzuchtformen vor.
Im Englischen nennt man diese Form der Schwanzflosse webtail, da sie an die Schwimmhäute (web) der Entenfüße erinnert. Dabei kann die Schwanzflosse sehr unterschiedlich ausgeprägt sein und von einer normalen, dreilappigen über eine abgewinkelte, die Rückenlinie verlängernde Form bis hin zur vierlappigen des Jikin reichen. Auch gibt es neben dem kurzen Schwanz eine verlängerte, der Schwanzflosse des Kometen

*goldfish by virtue of their squat form, and are in fact a Ryukin with a simple caudal fin, such as occur not infrequently among the offspring of that form. The **Nymph,** which is also called **Fukinagashi** (pennant- or streamer-tail) in Japan, has a long, triangular, caudal fin, without or with a slight forking, which is held outspread. The caudal fin of the **Sabao** (Japanese for mackerel tail) is deeply forked. In Japan this goldfish is also called **Yamagata** after the province of its origin.*

The Shubunkin

*In Europe and the USA the lighter-coloured Comet is preferred. In Japan the calico swallowtail was named the **Shubunkin** (lit. cinnabar-patterned goldfish), a name which is also used here in the West. This originally Japanese variety is, despite its simple form and widespread popularity, a rather modern type, which was first bred in 1900 by Mr. Akiyama. It is similar to a Comet, without however attaining the same length of caudal fin, and is thus sometimes termed the **Comet Shubunkin** in the trade.*
*The **American Shubunkin** is recognised as a separate variety with a small body depth and a very long, deeply forked, and pointed caudal fin as well as long pointed pectoral and pelvic (ventral) fins. Interestingly, the Shubunkin is a cross between the calico Dragon-Eye and the wild form of the goldfish.*
*There is also the **Bristol Shubunkin,** which has a normal body depth (ca. 1/3 of body length) and a broader, forked, caudal fin with rounded ends. The rest of the fins are elongated and rounded at the ends as well. Both shubunkin breeds have matt or nacreous (mottled) scalation. Although metallic scales may occur, Bristol Shubunkins with large areas of metallic scales are considered to be inferior specimens. Both the London and the Bristol Shubunkin were bred in England during the period between the two World Wars.*
Although the Shubunkin is essentially a calico type, recently fish with a preponderantly white, bluish-white, or bluish base colour have been available. These shubunkins have a sprinkling of black spots, but little, if any, red. In the original colouring red, orange, blue, and white are combined in equal strength and quantity, overlain with a pattern of black dots or stripes.

The Wen-yu-shape Goldfish

The Wen-yu form of goldfish is perhaps the largest of the three groups. This is the squat, almost round, type of goldfish with a dorsal fin and a divided, triple or quadruple, caudal fin, ie the type which is incorrectly termed "Veiltail" in Germany. Apart from the veil-like caudal fin, however, there are other forms such as the fringetail and the butterfly tail, etc.
This group can be further subdivided into the actual wen-yu goldfish and the high-headed goldfish. Both these groups can also have pearl scales, dragon-eyes, pompons, and/or curled opercula as additional characteristics.

The Plain Wen-yu Goldfish

The fish intermediatly fish between the carp-like and the wen-yu-like forms of the goldfish occupy a special position and hence will be discussed here. They have the body shape of the normal goldfish discussed above, but with a short and divided, triple, seldom quadruple, caudal fin. From this original form are derived all the line-bred forms with divided caudal fins that we see today. It is however not very highly esteemed, except in a few of its variations, and hence not bred specially, appearing only now and then amongst the progeny of the fancy varieties.
This type of caudal fin is called the web-tail in English, as it is reminiscent of the webbed feet of a duck. The caudal fin can actually be very varied in its development, from a normal three-

ähnliche Form; die Rückenflosse ist jedoch nie verlängert. In Ermangelung eines kurzen, prägnanten Namens im Deutschen, schlage ich vor, alle langgestreckten Tiere mit dreilappiger Schwanzflosse als Wakin zu bezeichnen.

In seiner Idealform wirkt der typisch japanischen **Wakin** (chin. *he jin* ausgesprochen) neuerer Züchtung allerdings schon leicht gedrungen, die dreilappige Schwanzflosse ist nicht sehr lang ausgezogen. Schwanzwurzel und -flosse sind leicht nach unten gebogen und bilden mit der Rückenlinie einen gleichmäßigen Bogen. Besonders beliebt ist beim Wakin die rotweiße Färbung.

Dem Wakin nicht unähnlich ist der **Rote Perlschuppen-Froschkopf mit Rückenflosse** (chin. *hong zhen-zhu bei-qi ha-ma tou*), eine neuere Züchtung, welch aber wohl auch nur ein Blasenauge mit entwickelter Rückenflosse sein könnte.

Ebenfalls eine japanische Kreuzung ist der **Watônai** (wörtl. Weder-japanisch-noch-chinesisch), der aus Wakin und Ryukin gezüchtet wurde und daher gelegentlich auch als **Waryu** bezeichnet wird. Er ist in der Körperform noch gedrungener als der Wakin, aber nicht so rund und kompakt wie der Ryukin und daher näher an der westlichen Zuchtform des Fransenschwanzes als an der des Ryukin. Die Schwanzflosse ist länglich und dreilappig.

Beim **Pfauenschwanz** oder **Jikin** handelt es sich um eine erstmals in Japan aufgetretene Mutation des Wakin, bei der jede Hälfte der kurzen, gedoppelten Schwanzflosse seitlich stark abgespreizt ist und somit an das Rad eines Pfaues erinnert. Um 1610 wurde dieser Fisch in Japan noch Pfauenschwanz (*Kujaku*) genannt, ab 1810 bezeichnete man ihn als Jikin. Die gewünschte Färbung des Pfauenschwanzes ist ein silbriges Weiß mit leuchtend roten Flossen und Mundregion, welche in Japan *„rokurin"* (Sechsschuppe) genannt wird. Größere rote Flecken auf dem Körper sind jedoch häufig. Bei kleineren Flecken versucht man diese künstlich zu entfernen, entweder durch Zerstörung der roten Pigmentzellen durch Oxalsäure oder durch Entfernen der Schuppen. Eine Variation des Jikin ist der **Edojikin**, wobei es sich um einen dreifarbigen, perlmuttartigen oder fünffarbigen Jikin handelt.

Echte wen-yu Goldfische

Die heutigen gedrungenen Formen des wen-yu entstanden erst im frühen 18. Jahrhundert. Hierher gehören auch die aus Europa und Amerika stammenden Zuchtformen des eigentlichen Schleierschwanzes und des Fächerschwanzes, sowie die japanischen Arten, Pfauenschwanz oder Jikin, Ryukin, auch Fächer- oder Bänderschwanz genannt und Tosakin, welche alle vom chinesischen Wen-yu abstammen. Im Gegensatz zu den bisher erwähnten Arten ist bei allen echten wen-yu-artigen die Rückenflosse in der Regel etwas länger oder gar schleierartig verlängert.

Wie bereits erwähnt, soll der amerikanische **Schleierschwanz** um Philadelphia von einem Herrn Barrett aus den überlebenden Tieren der Weltausstellung in Chicago von 1893 gezüchtet worden sein. Matsui nimmt an, daß es sich hierbei um eine Mutation des Ryukin handelt. Die geteilte Schwanzflosse des Schleierschwanzes ist lang und elegant, oft schleppend getragen. Sie ist am Ende nicht oder nur gering eingebuchtet und wirkt dadurch wie abgeschnitten. Auch die Afterflossen sind extrem lang ausgebildet, ebenso die segelartige Rückenflosse, welche ungeachtet ihrer extremen Länge aufrecht steht, oder stehen sollte.

Im Gegensatz hierzu sind Schwanz- und Rückenflosse des **Fächerschwanzes** nicht so lange ausgezogen, die Schwanzflosse ist darüber hinaus gegabelt. Dies ist die typische Schwanzform des Ryukin, welcher auch japanischer Fächerschwanz genannt wird. Ebenfalls stark eingebuchtet ist die Schwanzflosse des **Fransenschwanzes**, welche aber wieder länger ausgezogen ist, als bei der gerade erwähnten Gruppe.

lobed form to a pointed shape extending the dorsal profile or the quadruple form of the Jikin. As well as this short type of caudal fin, there is also an elongated form, similar to that of a Comet, but with no elongation of the dorsal fin. In the absence of a short and concise name in German to match the English term web-tail, I propose to use Wakin as a synonym for web-tail for all the fish with an elongate body and with triple caudal fins.

The typical modern Japanese ***Wakin*** *(pronounced* he jin *in chinese) ideally appears slightly squat, and the triple-lobed caudal fin is not very prolonged. The caudal peduncle and fin ae slightly downturned and form a uniform curve with the dorsa profile. Red and white coloration is especially prized in a Wakin.*

Not too dissimilar from the Wakin is the ***Red Pearlscale Froghead with Dorsal Fin*** *(Chinese* hong zhen-zhu bei-qi ha-ma-tou*), a new breed which could, however, equally be regarded as just a Bubble-eye with a developed dorsal fin.*

Another Japanese crossbreed is the ***Watônai*** *(lit. neither-Japanese-nor-Chinese), which was bred from the Wakin and the Ryukin, and is, therefore, sometimes referred to as the* ***Waryu.*** *The shape of its body is shorter and rounder than in the Wakin, but not as round and solid as in the Ryukin. Thus it appears closer to the western breeds of the fringetail than to the Ryukin itself. The caudal fin is elongate and triple.*

The ***Peacock-tail*** *or* ***Jikin*** *is a mutation of the Wakin that first appeared in Japan. In this type each half of the short double caudal fin is prominently spread laterally, and thus reminiscent of the spoked tail of the peacock. In 1610 this type of fish was still known as the Peacock-tail (*Kujaku*) in Japan. From 1810 on it was termed the Jikin. The desired coloration of the Peacock-tail is silvery-white with brilliant red fins and a red mouth, a colour pattern which the Japanese call "*rokurin*" (= six-scale). However, big red spots on the body are quite common. It is possible to attempt artificial removal of smaller spots either by destroying the red pigment cells with oxalic acid or by removing the scales. The* ***Edojikin*** *is a variation of the Jikin, and is a tricolor, nacreous, or variegated (calico), Jikin.*

True Wen-yu Goldfish

The modern squat form of the Wen-yu did not come into being until the early 18th century. It includes the original forms of the veiltail and fantail bred in Europe and America, as well as the Japanese breeds known as the Peacock-tail or Jikin, the Tosakin, and the Ryukin or Fringe-tail, all of which trace their ancestry back to the Chinese Wen-yu. In contrast to the forms mentioned previously, the true Wen-yu usually have a longer dorsal fin, which may even be veil-like.

As already mentioned earlier, the American ***Veiltail*** *was bred near Philadelphia by a Mr. Barrett, from the survivors of the World Exhibition in Chicago in 1893. Matsui considers it to be a mutation of the Ryukin. The divided caudal fin of the veiltail is long and elegant and often carried trailing. Its end is only slightly, if at all, concave and thus appears to be sraight-cut. Furthermore the anal fin is extremely long, as is the sail-like dorsal fin, which stands – or should stand – upright despite its extreme length.*

By contrast the caudal and dorsal fins of the ***Fantail*** *are not very prolonged, and moreover the caudal fin is forked. This is the typical tail form of the Ryukin, which is also called the Japanese fantail. The caudal fin of the* ***Fringetail*** *is likewise very concave, but at the same time more elongate than in the types just mentioned above.*

Der **Tosakin** wurde in der Edo-Zeit (die Zeit des Tokugawa-Shogunats von 1603-1867) in der Gegend von Tosa auf Shikoku in der heuten Präfektur Kôchi durch Kreuzung aus Ôsakaranchû (siehe unten) und Ryukin gezüchtet. Auch heute noch ist Kôchi das Zentrum der Tosakinzucht und -liebhaber und die Bilder unsere Tosakin stammen aus Kôchi.

Die gedoppelte Schwanzflosse ist nicht geteilt, also dreilappig und besonders weit ausladend. Die unteren Lappen der Schwanzflosse sind rückwärtig gewendet. Aufgrund dieser üppigen Schwanzform ist der Tosakin ein schlechter Schwimmer. Er kommt in den Farbvarianten einfach rot, schwarz, weiß und fünffarbig (kaliko) vor, doch gibt es in letzter Zeit auch blaß gefärbte und eisenfarbige Tiere zu sehen. Die Chinesen nennen den Tosakin auch Schmetterlingschwanz, was aber irreführend ist, da dessen Schwanzflosse zwar ebenfalls üppig, aber immer geteilt und somit vierlappig ist.

Im Westen recht verbreitet ist der **Ryukin**, neben dem Ranchu der typische japanische Goldfisch schlechthin. Seine Besonderheiten sind eine verkürzte Körperform mit hoch aufgewölbtem Rücken, bei gleichzeitig fettem, rundem Bauch, was ihm ein etwas dreieckiges Aussehen verleiht. Die Flossen sind teilweise verlängert, der Kopf ist spitz und schmal, was bei den Chinesen als Mauskopf bezeichnet wird. Er setzt sich vom Rücken durch einen deutlichen Höcker direkt hinter dem Kopf ab (Sattelrücken). Die vierlappige Schwanzflosse ist kurz bis mittellang (Fächerschwanz) oder stark eingebuchtet mit vier langen Lappen (Streifenschwanz).

Die Zuchtform des Ryukin ist auf Okinawa entstanden, wohin Goldfische 1682 aus China importiert wurde, nachdem Okinawa zur Zeit der Ming Dynastie ausgedehnte Handelsbeziehungen zu China aufgenommen hatte. Okinawa heißt auf chinesisch *Liu-qiu (lie-dao)* und auf japanisch *Ryûkyû (rettô)*, was Smaragdperlen (Archipel) bedeutet. Von Okinawa aus gelangten die Nachkommen dieser Tiere zwischen 1772 und 1788 nach Japan, wo sie als Kurzform aus *'Ryûkyû kingyô'* (Ryûkyû Goldfisch) den Namen Ryukin erhielten.

Er ist in Japan der am weitesten verbreitete Goldfisch und vor allem die kräftig rot gefärbten Tiere sind sehr beliebt. Weitere Farbschläge sind der schwarze, rotweiße, rotschwarze, rotschwarzweiße und fünffarbige (kaliko) Fransenschwanz.

Als eigenständige Form des Ryukin wäre noch der **Tetsu Ônaga** (d. h. Eisenfarbiger Langschwanz) zu erwähnen, sowie der **Akame-Ryukin** (wörtl. Rotaugen-Ryukin) oder **Edoakane** (wörtl. Tokyorot), die fast albinotische Form des Ryukin welche erstmals 1975 in Tokyo gezüchtet wurde. Die farblose Iris wirkt durch die Blutgefäße rötlich, der Körper wirkt durch einen Rest von Pigmenten blaßgelb.

Als letzte Variation sind die Tiere mit **Drachenaugen** (chin. *long-jing*) zu erwähnen, einem schon relativ früh in der Goldfischzucht aufgetretenem Merkmal. Es gibt sie in den Farben rot, weiß, mattweiß, schwarz, blau, bronzefarben, rotweiß, rotschwarz, schwarzweiß und fünffarbig (kaliko). Die gängigste Färbung bei Drachenaugen ist jedoch schwarz. In China, wo diese Variante erstmals 1893 in der Literatur erwähnt wird, wird sie gelegentlich auch als **Schwarze Päonie** bezeichnet und im Westen **Schwarzer Teleskopfisch** oder nach ihrem englischen Namen **Moor**.

Eine sehr schöne Züchtung aus den sechziger Jahren ist ein in China **Elsternfarbiges Drachenauge** (chin. *xi-que-hua long-jing*) genanntes Tier. Im Westen wird sich wohl eher die Bezeichnung **Panda-Teleskopfisch** durchsetzen. Im Idealfall sind die Fische schwarzweiß gefärbt, häufiger ist jedoch eine leicht bläuliche bis goldgelbe Körperfarbe mit schwarzer Rückenregion und schwarzer Rückenflosse, auf welcher sich weiße oder blaßblaue Flecken befinden.

Ebenfalls seit den sechziger Jahren gibt es das **Achatauge** (chin. *ma-nao yan*), welches auch **Rotäugiges Silberdrachen-**

*The **Tosakin** or Curly-Tailed Fantail was produced by crossing an Ôsakaranchû (see below) and a Ryukin during the Edo era (the period of the Tokugawa Shogunate from 1603-1867) in the region of Tosa on Shikoku, in what is today the Prefecture of Kôchi. Kôchi is today still the centre of Tosakin breeding and its enthusiasts, and the photos of our Tosakin also originate from Kôchi.*

The double caudal fin is not divided, and thus forms three lobes, which are spread particularly wide. The lower lobes of the caudal fin are bent backwards. Because of its luxuriant tail the Tosakin is a clumsy swimmer. Its colour variations are simple red, black, white, and variegated or calico, although recently there have also been pale-coloured and iron-tinted fish to be seen. The Chinese also call the Tosakin the Butterfly-tail, but this is somewhat misleading, as although the caudal fin of the latter is equally luxuriant, it is always divided and thus four-lobed.

*The **Ryukin** is fairly widespread in the West, as well as being, along with the Ranchu, the typical Japanese goldfish. Its characteristics are a foreshortened body with a high-arched back and at the same time a fat round belly, giving it an overall triangular appearance. Its fins are partly elongated, and the head is pointed and narrow (the Chinese term this a mouse-head) and separated from the dorsal region by a distinct hump immediately behind the head (hump-backed). The quadruple caudal fin is short to medium-long (fantail) or strongly concave with four long lobes (ribbon-tail).*

The Ryukin originated in Okinawa, whither goldfish were imported in 1682 from China, after Okinawa had expanded its trade with China during the Ming dynasty. Okinawa is known as Liu-qiu (lie-dao) *in Chinese and as* Ryukyu (retto) *in Japanese, which means Emerald-pearls (= archipelago).*

From Okinawa the progeny of these fishes reached Japan between 1772 and 1788, where they were given the name Ryukin, an abbreviation of 'Ryûkyû kingyô' *(Ryukyu goldfish). It is the most widespread goldfish in Japan, and bright red individuals are very popular. Other colour variations are the black, red and white, red and black, red-black-white, and variegated (calico) fringetail.*

*Also worth mentioning are the distinct variety of the Ryukin called the **Tetsu Ônaga** (= grey-coloured long-tail), as well as the **Akame-Ryukin** (lit. Red-eyed Ryukin) or **Edoakane** (lit. Tokyo red), the almost albino form of the Ryukin which was bred for the first time in Tokyo in 1975. The unpigmented iris appears reddish due to its blood vessels, while the body colour is a pale yellow, due to traces of pigmentation.*

*The last variation to be mentioned is the **Dragon-Eye** (Chinese* long-jing*), a characteristic that appeared relatively early in goldfish culture. It occurs in red, white, matt white, black, blue, bronze, red and white, red and black, black and white, and variegated (calico). The commonest colour is, however, black. In China, where this variant is mentioned in the literature for the first time in 1893, it is occasionally termed the Black Peony, and in the West it is called the **Black Telescope-fish** or by its English name of **Black Moor.***

*A very attractive variety first bred in the sixties is the form known in China as the **Magpie Dragon-eye** (Chinese* xi-que-hua long-jing*), which in the West, however, is better known as the **Panda Telescope.** Ideally this fish should be black & white,*

auge (chin. *hong yan yin long-jing*) genannt wird. Sein Körper ist silberigweiß und glänzend gefärbt. Die Basis des Augapfels muß jedoch leuchtend rot gefärbt sein, erscheint wegen der Blutgefäße aber oft leicht bläulich, das Auge selbst soll silberiggrau sein, wie bei einem Achat. Ferner gibt es das oben erwähnte albinotische Ryukin-Rotauge auch mit Drachenaugen, bzw. mit nur leicht vergrößerten Augen.

Eine relativ junge Zuchtform ist das in China sehr begehrte **Schmetterlingschwanz-Drachenauge** (chin. *hu-die long-jing*). Im Vergleich zum Drachenauge ist sein Körper kürzer und rundlicher, die Schwanzflosse ist größere, aber nicht eingebuchtet. Sie wird aber nicht schleppend getragen, wie die des Schleierschwanzes. Berühmt sind die Schmetterlingschwänze aus der Provinz Fu-zhou, wo solche mit besonders üppiger Schwanzflosse auch **Petticoat-Schwanz** (chin. *qun wei*) genannt werden.

Des weiteren ist das **Traubenauge** (chin. *pu-tao yan*) zu erwähnen, ein völlig weißer Fisch mit blauschwarzen Drachenaugen, sowie das **Glühbirnenauge** (chin. *deng-bao yan*), bei welchem zusätzlich zu den Drachenaugen noch die transparente Hornhaut stark hervorgewölbt ist. Das Glühbirnenauge gibt es in den Farben rot, weiß und schwarz.

Etwas eigenständig ist eine Gruppe von Wen-yu-Goldfischen, welche wohl von den weiter unten zu besprechenden eiförmigen Goldfischen abstammen, jedoch eine Rückenflosse haben. Zum Teil scheint es sich um Kreuzungen jüngerer Zeit zu handeln, zu Teil aber auch um eiförmige Tiere mit vollständig entwickelter Rückenflosse.

Zu erwähnen sind der **Bronzefarbige Froschkopf mit Rückenflosse** (chin. *zi bei-qi ha-ma tou*), das **Elstern-Blasenauge mit Rückenflosse** (chin. *xi-que-hua bei-qi shui-pao-yan*) und das seltene **Zinnober-Blasenauge mit Rückenflosse** (chin. *zhu bei-qi shui-pao-yan*), ein im Idealfall völlig weißes Tier mit roten Blasenaugen. Um Shanghai werden diese Tiere **Blasen(auge) mit gehißter Flagge** (*che-qi shui-pao*) genannt, wobei das Schriftzeichen „*qi*" (Flagge) nicht mit dem oben genannten Homonym „*qi*" (Flosse; wie in *bei-qi*, Rückenflosse) verwechselt werden sollte. Des weiteren gibt es den **Himmelsgucker mit Rückenflosse** (chin. *che-qi zhao tian long*; wörtl. Morgenhimmel-Drachen mit gehißter Flagge) und das **Himmelsgucker-Blasenauge mit Rückenflosse** (chin. *che-qi zhao tian long shui-pao*; wörtl. Morgenhimmel-Drachen-Blasenauge mit gehißter Flagge).

Mit Ausnahme des Ryukin können alle Zuchtformen der wen-yu-artigen Goldfische mit oder ohne Drachenaugen zusätzlich noch ein Nasenbukett und/oder Quellkiemen haben.

In der Gruppe **Drachenaugen-Bukett** (chin. *long-jing qiu*) faßt man alle Formen des Drachenauges mit Nasenbukett zusammen. Hierher gehören das **Blaue**, das **Purpurne** und das **Schwarze Drachenaugen-Bukett**, sowie das **Rote Drachenaugen-Vierfachbukett** mit je zwei Plüschbällen pro Nasenhöcker. Beim **Schwarzen Drachenaugen-Bukett** können die Plüschbälle sehr kontrastreich rot oder rosa, seltener weiß gefärbt sein.

Hochköpfige Wen-yu Goldfische

Die größte Gruppe der Wen-yu-förmigen dürften wohl die **hochköpfigen Goldfische** darstellen, welche erstmals 1893 in der Literatur erwähnt werden. Dabei handelt es sich um einen Sammelbegriff für mehrere Arten von Goldfischen mit mehr oder weniger starken Wucherungen im Kopfbereich. Der Kopf sollte, im Gegensatz zu dem „Mauskopf" anderer Arten, groß und massig sein, um eine möglichst große Oberfläche für die Wucherungen zu bieten.

but more often, however, it has a pale bluish to golden tinge on the body with a black back and dorsal fin with white or pale blue spots.

Another form from the sixties is the **Agate Eye** *(Chinese* ma-nao yan), *also known as the* **Red-eyed Silver Dragon-eye** *(Chinese* hong yan yin long-jing). *Its body colour is a lustrous silvery-white. The base of the eyeball, however, should be a bright scarlet, which often may appear slightly bluish due to the blood vessels, whereas the eye itself should be silver-grey, like an agate. In addition individuals with dragon-eyes, or slightly enlarged eyes, occur in the above-mentioned albino Ryukin-Redeye variety.*

Drachenauge oder Teleskop / Dragoneye or Moor
Zeichnung / drawing: K. Bernhardt

A rather young cultivated variety, highly prized in China, is the **Butterfly-Tail Dragon-eye** *(Chinese* hu-die long-jing). *Compared to the Dragon-eye its body is shorter and more rounded, while the caudal fin is larger but not forked. It is not carried trailing like that of the veiltail. The Butterfly-tails from the province of Fu-zhou are renowned; those with a particularly large caudal fin are called* **Petticoat-Tail** *(Chinese* qun wei).

Not to be forgotten are the **Grape-Eye** *(Chinese* pu-tao yan), *a totally white fish with bluish-black dragon-eyes, as well as the* **Bulb-Eye** *(Chinese* deng-bao yan), *a dragon-eye where the transparent cornea is also very convex and bulging. The Bulb-Eye is available in the colours red, white, and black.*

A somewhat distinct group is that composed of Wen-yu goldfish which probably derive from the egg-shaped group to be discussed below, but which have a dorsal fin. They appear to be in part the result of recent crosses, but also include egg-shaped goldfish with a fully developed dorsal fin.

Worthy of mention are the **Bronze Frog-Head with Dorsal Fin** *(Chinese* zi bei-qi ha-ma tou), *the* **Magpie-Bubble-Eye with Dorsal Fin** *(Chinese* xi-que-hua bei-qi shui-pao-yan), *and the uncommon* **Cinnabar Bubble-Eye with Dorsal Fin** *(Chinese* zhu bei-qi shui-pao-yan), *ideally a completely white fish with red bubble-eyes.*

In the Shanghai area these fish are called **Bubble(-eye) with Hoisted Flag** (che-qi shui-pao), *though we should not confuse the Chinese character* qi *(flag) with the homonym* qi *meaning "fin" (as in* bei-qi, *caudal fin) mentioned above. In addition there is the* **Celestial with Dorsal Fin** *(Chinese* che-qi zhao tian long; *lit. morning sky dragon with hoisted flag) and the* **Celestial Bubble-Eye with Dorsal Fin** *(Chinese* che-qi zhao tian long shui-pao; *lit. morning sky dragon with bubble-eyes and hoisted flag). With the exception of the Ryukin, all the cultivated varieties of the Wen-yu-like goldfish, with or without dragon-eyes, may also have a narial bouquet and/or upturned opercula. The* **Dragon-eye Bouquet** *(Chinese* long-jing qiu) *group includes all types of Dragon-eyes with a narial bouquet. To this*

Der warzige Bewuchs wird von Chinesen und Japanern als Sarkom (chin. *rou-liu*, jap. *nikuryu*) bezeichnet und ist eine abnormale Erscheinung, welche von vielen westlichen Fischliebhabern als krankhafte Degeneration abgelehnt wird, während andere, vor allem asiatische Goldfischliebhaber, dies besonders schätzen. Hierzu sollte man wissen, daß der chinesische Gott der Langlebigkeit (*shou xing gong*) mit einem mehr oder weniger stark verlängerten Kopf dargestellt wird. Auch eines der sieben Kennzeichen des Buddha, welche an chinesischen und japanischen Statuen oft zu sehen sind, sind neben den stark verlängerten Ohrläppchen der vergrößerte Hinterkopf, was wohl auf eine Mißdeutung des Haarknotens an alten indischen Plastiken zurückgeht.

Diese Assoziation ist es, welche die hochköpfigen Goldfische in diesen Ländern so beliebt macht; auf alle Fälle sehen die Tiere recht pausbäckig und dadurch für einen unvoreingenommenen Betrachter drollig aus. Überzieht dieser Bewuchs auch die Kiemendeckel, stellt er sicherlich für die Fische eine Belastung beim Atmen dar und ausgeprägte Wucherungen im Gesicht können die Augen teilweise verdecken und den Gesichtssinn beeinträchtigen.

Frisch geschlüpft Jungfische zeigen noch keinerlei Anzeichen einer Wucherung. Diese zeigt sich erst drei bis vier Monate nach dem Schlupf durch eine allmähliche Verdickung und Fältelung der Haut im Kopfbereich. Diese Entwicklung ist nach ein bis zwei Jahren abgeschlossen und wird durch verschiedene äußere Faktoren wie Wasserqualität und Ernährung beeinflußt. Sauberes Wasser und proteinreiche Ernährung fördern diese Wucherungen.

In die Gruppe der hochköpfigen Goldfische gehören der eigentliche **Hochkopf** oder **Kappenfisch,** der **Tigerkopf** und der **Löwenkopf** oder **Oranda-Löwenkopf** (*Oranda Shishigashira*; Holländischer Löwenkopf), wie er in Japan genannt wird. Er sollte nicht mit dem bei den Eierfischen beschriebenen Chinesischen Löwenkopf oder Büffelkopf verwechselt werden.

Eine weitere Form aus der Region Shanghai ist der seltene **Chrysanthemenkopf** (chin. *ju-hua tou*) mit einer festen, üppigen Wucherung auf Kopf und Kiemendeckeln. Diese ist im Vergleich zum Löwenkopf jedoch fester und lappig ausgebildet, einer frisch erblühten Chrysantheme nicht unähnlich.

Der Hochkopf (chin. *gao tou*) hat warzige Wucherungen nur auf dem Kopf, bzw. genau genommen auf dem Schädeldach. In der ursprünglichen Form waren Wucherungen auf den Kiemendeckeln kaum oder nur ganz schwach ausgebildet, jedoch sind heute auch Tiere mit Wucherungen auf den Kiemendeckeln zu finden.

Die japanische Bezeichnung Oranda, eigentlich eine lautmalerische Wiedergabe für Holland, ist wohl etwas irreführend, da diese Zuchtform ebenfalls aus China stammt. Es gilt als wahrscheinlich, daß diese Form zuerst durch die holländische Handelsstation in Nagasaki nach Japan gebracht wurde. Japan hatte sich ja im 17. Jahrhundert völlig von der Außenwelt abgekapselt, um einer Überfremdung durch die immer häufiger erscheinenden Spanier und Holländer vorzubeugen. Nur in Nagasaki gab es in einem völlig abgegrenzten Bezirk eine holländische Handelsstation, über welche fast der gesamte Außenhandel, auch der zu China, abgewickelt wurde.

So wird auch der Oranda erstmals in dem Buch „Aufzeichnungen von gehörten und gesehenen Dingen in Nagasaki" aus dem Jahre 1800 von Hirokawa erwähnt. Andererseits soll der Oranda jedoch zu Beginn des 19. Jahrhunderts in Osaka aus einer Kreuzung von Büffelkopf und Fransenschwanz entstanden sein.

Ursprünglich schwache Wucherungen im ganzen Kopfbereich finden wir beim Tigerkopf (chin. *hu tou*) und wenn zusätzlich eine Art Haube auf dem Kopf ausgebildet ist, spricht man vom

group belong the ***Blue,*** *the* ***Purple,*** *and the* ***Black Dragon-eye*** *Bouquet, as well as the* ***Red Dragon-eye Quadruple Bouquet*** *with two velvet-balls per narial septum. In the* ***Black Dragon-eye Bouquet*** *the pompons can be red or pink, seldom white, and thus form a sharp contrast with the colour of the body.*

High-headed Wen-yu Goldfish

The largest group amongst the wen-yu-like may well be the ***High-headed Goldfish,*** *which are mentioned in the literature for the first time in 1893. High-headed is a collective term for several types of goldfish with a more or less prominent hood-like growth on the head. In contrast to the "mouse-head" shape of the other types, the head should be large and massive in order to provide the maximum possible area for hood growth.*

The wart-like growth is termed sarcoma by the Chinese and Japanese (Chinese rou-liu, *Japanese* nikuryu*) and is an abnormality that is rejected by many western fish fanciers as sign of disease and degeneration, while other goldfish enthusiasts, especially those in Asia, regard this feature as particularly desirable. It is worth noting in this regard that the Chinese god of longevity* (shou xing gong) *is depicted with a more or less prominently elongated head. Moreover one of the seven distinguishing characters of the Buddha, often seen in Chinese and Japanese statues, is, apart from the very prolonged ear-lobes, the enlarged back of the head, which may trace its origins to a misinterpretation of the nature of the knot of hair featured in ancient Indian statues.*

It is this association that makes the high-headed goldfish so popular in these countries; plus the chubby-faced appearance of these fishes looks quite droll to the unbiased observer. But if the growth also covers the opercula then it will undoubtedly make it difficult for the fish to breath, while extensive growth on the face can partially cover the eyes and thus hinder the vision.

Newly-hatched fry do not exhibit any sign of the growth, which begins to appear only after three to four months through the thickening and wrinkling of the skin on the head. This development is complete in one to two years and is influenced by various external factors such as the quality of the water and nutrition. Clean water and a protein-rich diet will enhance the growth.

The high-headed goldfish group includes the ***Highhead*** *or* ***Cap Fish*** *itself, the* ***Tigerhead,*** *and the* ***Lionhead*** *or* ***Oranda Lionhead*** (Oranda Shishigashira; *Dutch Lionhead), as this type is termed in Japan. It should not be confused with the Chinese Lionhead or Buffalohead described along with the Eggfish.*

Another form, from the region around Shanghai, is the ***Chrysanthemum-Head*** *(Chinese* ju-hua tou*) with a luxuriant solid growth on the head and opercula. This growth is, compared to that of the lionhead, more solid and lobed, just like a freshly-opened chrysanthemum blossom.*

The Highhead (Chinese gao tou*) has this wart-like growth only on the head, or, to be more precise, on top of the skull. The original stock had only slight amounts of growth, if any, on the opercula, but nowadays there are also individuals with distinct growths on the gill-covers.*

The Japanese term Oranda is actually a phonetic rendition of the word Holland, which is a little misleading as this form had its origin in China. It is probable that the form was first brought to Japan via the Dutch trading centre in Nagasaki. Japan had

Löwenkopf (chin. *shi-zi tou*; jap. *shishigashira*). Da in vielen chinesischen Züchtereien Hybriden sowohl vom Tigerkopf als auch vom Löwenkopf gezüchtet werden, welche gut entwickelte Wucherungen auf dem Kopf sowie im Gesicht aufweisen, ist es oft nicht ganz leicht, zwischen Gänsekopf, Tigerkopf und Löwenkopf eine klare Grenze zu ziehen.

Wu Hui-sheng und Fu Yi-yuan führen diese drei Namen denn auch als lokale Bezeichnungen für hochköpfige Goldfische an. Nach ihnen wird der Tigerkopf in Shanghai und Su-zhou als Löwenkopf bezeichnet, Hochkopf und Tigerkopf werden in Beijing und Tien-jin Kappenfisch (*mao-zi* oder *mao-zi tou*, wörtl. Kappe oder Kappenkopf) oder aber Dui-Yu (d. h. aufgehäufte Jade) genannt Darum sollten wir anstelle der relativ gebräuchlichen, aber zu speziellen Bezeichnung Oranda besser den chinesischen Namen „hochköpfige Goldfische" als generelle Bezeichnung für alle Goldfische mit Rückenflossen und Kopfwucherungen verwenden. Unter den verschiedenen Farbvarianten gibt es den roten, orangen, bronzenen, blauen, schwarzen, weißen, blaubronzenen, rotschwarzen, rotweißen, dreifarbigen und fünffarbigen (kaliko) Hochkopf. Als zusätzliche Merkmale können Quellkiemen und/oder Pompons (Nasenbukett) auftreten.

Beim **Fünffarbigen** (kaliko) **Hochkopf** werden neben der üblichen sehr variablen Musterung Tiere mit kräftiger, kontrastreicher Färbung und rotem Kopf bevorzugt. Kalikohochköpfe mit überwiegend roter Färbung und geringem Blauanteil werden in Japan **Azumanishiki** (Ostbrokat) genannt. Sie sollen zu Beginn der Shôwa-Ära (1926–88) durch eine Kreuzung von Dreifarbigem Drachenauge und (Oranda) Löwenkopf entstanden sein.

Der weiße Hochkopf mit roten Augen, rotem Mund und roten Flossen (je zwei Brust-, Bauch-, After- und Schwanzflossen, sowie einer Rückenflosse wird als **Zwölffachrot** (chin. *shi-er hong*) bezeichnet.

Zu den neueren Züchtungen gehören der **Elsternfarbige Hochkopf** (chin. *xi-que-hua* [oder *hei bai*] *gao-tou*), der auch **Panda-Schleierschwanz** (chin. *xiong-mao jin-yu*) genannt wird und der **Blauköpfige Rotweiße Hochkopf** (chin. *guan gong mian* [oder *lan mian*] *hong-bai gao-tou*), einer Züchtung jüngster Zeit aus Hong Kong. Sein Körper ist weiß, rotweiß oder, besonders geschätzt, orangerot gefärbt. Hier wäre anzumerken, daß die Elster (*xi que*) in China als Glücksbringer gilt.

Besonders zu erwähnen sind der Rotkappen-Löwenkopf, der bronzefarbige Rotkappen-Löwenkopf und der schwarze Rotkappen-Löwenkopf.

Der **Rotkappen-Löwenkopf** (chin. *hong mao-zi*), welcher in China erstmals 1893 in der Literatur erwähnt wird, heißt dort auch **Weißer Tigerkopf mit Rotscheitel** (*hong ding bai hu-tou*), **Gänsekopf** (*e tou*), **Rote Kranichkrone** (*he ding hong*) oder **Glück-auf-dem-Kopf** (*hong-lian fu-tou*; wörtl. rotes Gesicht glücklicher Kopf). Das „Rote Gesicht" (*hong-lian*) ist eine Charakterrolle in der Pekingoper und steht traditionell für Heldenmütigkeit und Aufrichtigkeit.

Der rote Kronenkranich wird in China als Symbol für ein langes Leben sehr geschätzt, wovon die große Beliebtheit des Rotkappen-Löwenkopfes herrührt. In Japan wird er, wie der Koi gleicher Färbung, **Tanchô** (wörtl. Rotscheitel) genannt und beide Fische waren in Japan lange Zeit wegen ihrer gut gelungenen Repräsentation der Nationalfarben sehr geschätzt.

Der Rotkappen Löwenkopf trat in China wohl schon in der Ming Dynastie um 1590 auf. Die Kopfwucherung sollte recht kompakt, hoch und kräftig rot gefärbt sein. Sie darf weder Augen noch Mund erreichen. Ein roter Ring um die Augen ist wünschenswert, der Körper sollte von ovaler Form, Rumpf und Flossen silberigweiß gefärbt sein, ohne rote oder gelbe Flecken. Die Schwanzflosse sollte groß sein und die Körperlänge des Fisches erreichen. Leider sind trotz jahrhundertelanger, selektiver Zucht in jedem Gelege nur wenige Tiere, die diese hohen Anforderungen erfüllen.

completely isolated herself from the world in the 17th century in order to prevent the increase in numbers of foreigners in the country threatened by the increasingly frequent visits of the Spanish and Dutch. Only in Nagasaki was there a Dutch trading station, in a completely segrated area, through which all foreign trade, including that with China, was carried out.

Thus the Oranda is mentioned for the first time, in 1800, in the book "Sketches of things heard and seen in Nagasaki" by Hirokawa. On the other hand, the Oranda is also alleged to be the result of a cross between a ranchu and a fringetail in Osaka at the beginning of the nineteenth century.

Basically speaking, only a slight growth is found on the head of the Tigerhead (Chinese hu tou*), but when in addition a kind of hood is formed on the top of the head, the fish its termed a Lionhead (Chinese* shi-zi tou*; Japanese* shishigashira*). As on many goldfish farms in China hybrids of the tigerhead, as well as of the lionhead, are bred, and these show a well-developed growth on the head as well as on the face, it is often not very easy to draw a clear distinction between the goosehead, tigerhead, and lionhead.*

Wu Hui-sheng *and* Fu Yi-yuan *also regard these three names as simply local terms for the high-headed goldfish. According to them, the tigerhead is termed the lionhead in Shanghai and Su-zhou. The highhead and tigerhead are called cap fish (*mao-zi *or* mao-zi tou*, lit. cap or cap-head) in Beijing and Tien-jin, or even termed Dui-Yu (lit. piled-up-jade). Thus, instead of the convenient, but too specialized term Oranda, we would do better to use the Chinese name "high-headed goldfish" as a general term for all the types with a dorsal fin and head growths.*

The colour variations of the high-head include red, orange, bronze, blue, black, white, bluish-bronze, red and black, red and white, tri-color, and variegated or calico. Possible additional characteristics include curled opercula and/or pompons (narial bouquet).

*Amongst the **Calico High-heads,** fish with brilliant colour contrasts and red heads are preferred, as well as the usual very varied patterns. Calico High-heads with mostly red coloration and little blue are called **Azumanishiki** (eastern brocade) in Japan. They are said to be a cross between the tri-color Dragon-eye and the (Oranda) Lionhead, dating from the early Showa era (1926-88).*

*The white highhead with red eyes, red mouth, and red fins (two pectoral, pelvic, anal, caudal fins, and a single dorsal) is termed **Twelve-times-red** (Chinese* shi-er hong*).*

*The newer breeds include the **Magpie High-head** (Chinese* xi-que-hua *[or* hei bai*]* gao-tou*), which is also termed the **Panda Veiltail** (Chinese* xiong-mao jin-yu*) and the **Blue-headed Red and White High-head** (Chinese* guan gong mian *[or* lan mian*]* hong- bai gao-tou*), a new breed from Hong Kong. Its body is white, red and white, or – and especially esteemed – orange-red. It should be mentioned here that the magpie (*xi-que*) is considered a harbinger of good luck.*

*Of particular note are the Red Cap Lionhead, the Bronze Red Cap Lionhead, and the Black Red Cap Lionhead.The **Red Cap Lionhead** (Chinese* hong mao-zi*), which was mentioned in the Chinese literature for the first time in 1893, is also called the **Red Crowned White Tigerhead*** (hong ding bai hu-tou), ***Red***

Der **Bronzefarbige Rotkappen-Löwenkopf** (chin. *zhu-ding zi-luo pao* oder *zhu-ding zi gao-tou*) wird, wohl wegen seiner Seltenheit, noch höher geschätzt als der Rotkappen Löwenkopf, da seine Färbung nicht sehr stabil ist und dazu neigt, zu einfachem Rot zu verblassen. Der Körper ist violett- bis bronzefarbig, die Kopfwucherung kräftig rot gefärbt, wobei Augen, Nasenhöcker und Lippen schwarz oder bronzen gefärbt sind.
Diese Form wurde 1954 in China aus dem bronzefarbigen Hochkopf gezüchtet. Nach WU HUI-SHENG sollen Anfang der achtziger Jahre zweimal alle Arten von wertvollen und seltenen Goldfischen aus dem Zoo von Hang-zhou an die Goldfischausstellung des Ocean Park, dem Meerwasseraquarium von Hong Kong geschickt worden sein. Hierunter befanden sich auch Bronzefarbige Rotkappen-Löwenköpfe, welche sich, Zeitungsberichten zufolge, schnell zum Favoriten der Goldfischliebhaber in Hong Kong und Macao entwickelte. Damals soll ein ca. 15 cm großes Paar dieser Tiere für 600 000 Hong Kong Dollar (etwa 330 000 DM) gehandelt worden sein, womit es der teuerste jemals gehandelte Goldfisch wäre.
Der **Schwarze Rotkappen-Löwenkopf** (chin. *zhu-ding hei gao-tou*) erreicht nicht die Beliebtheit des vorgenannten, aber wie bei diesem ist seine schwarze Färbung nicht sehr stabil und kann sich in rot ändern.
Eine recht große Gruppe bilden die **Tigerkopf-Drachenaugen** (chin. *hu-tou long-jing*), unter welchen der **Weißdrachen-Jadeträger** (*bai long tuo-yu*) in China am wertvollsten erachtet wird. In den letzten 10 Jahren ist er dort jedoch recht selten geworden und somit noch wertvoller. Weitere Farbrichtungen sind das Blaue, Purpurfarbige, Gemusterte (*hua*), Purpurblaue und Hellblaue Tigerkopf-Drachenauge, sowie das **Rote Kranichkronen-Drachenauge** (chin. *he ding hong long-jing*), das auch **Weißes Rotkappen-Drachenauge** (*zhu ding* [oder *gao tou*] *bai long-jing*) genannt wird. Dabei handelt es sich wiederum um eine Variante neuerer Züchtung, welche erstmals 1993 auf einer Ausstellung gezeigt und mit der Silbermedaille prämiert wurde.
Eine weitere Form mit vergrößerten Augen ist der **In-Eisen-Gehülltes-Gold Drachenaugen-Kappenfisch** (chin. *tie-bao-qin long-jing mao-zi*), ebenfalls eine neuere Züchtung. Bei goldgelber bis rotgoldener Körperfarbe haben die Tiere schwarze bis schwarzrote Flossen, am ausgeprägtesten in Schwanz- und Rückenflosse, sowie schwarze Flecken im Rückenbereich, auf den Augäpfeln und um den Mund. Die nur leicht ausgeprägte Kopfwucherung ist kräftig rot gefärbt.
Unter den hochköpfigen Goldfischen sind Tiere mit Nasenbukett relativ selten und mit Drachenaugen scheint es nur das **Rote Hochkopf-Drachenauge mit Pompons** (chin. *hong goa-tou long-jing qiu*) zu geben. Noch seltener sind solche mit Quellkiemen. Hier wäre nur der **Elstern** [oder **Panda**] **Hochkopf mit Quellkiemen und Pompons** (chin. *xi-que-hua fan-sai gao-tou qiu*) zu erwähnen, weitere Tiere sind mir unbekannt.

Perlschupper

Als letzte Gruppe der wen-yu-förmigen wären die Goldfische mit Perlschuppen (chin. *zhen-zhu lin* oder kurz *zhen-zhu*) zu nennen. Hierbei handelt es sich jedoch nicht um eine eigenständige Gruppe, da es sich bei den Perlschuppen ja nur um ein sekundäres Merkmal handelt, welches sowohl bei den einfachen, als auch bei den hochköpfigen Wen-yu-Goldfischen vorkommt. Daß sie hier gesondert aufgeführt werden liegt nur daran, daß es über dieses Merkmal etwas mehr zu sagen gibt als über die Drachenaugen und ich dies an einer Stelle zusammenfassen möchte.
Diese Form entstand etwa um 1900 und bekam ihren Namen durch Kalkablagerungen auf den Schuppen, die dadurch wie halbierte Perlen aussehen. Beim ersten Anblick jedoch mag es durchaus auch an Bauchwassersucht erinnern.

Crested Crane (he ding hong), *or* ***Good-luck-on-the-head*** (hong-lian fu-tou; *lit. red faced lucky head). The "Red Face"* (hong-lian) *is a character in the Peking opera and traditionally represents bravery and honesty.*

In China the red crested crane is held in high regard as a symbol of longevity, hence the popularity of the Red Cap Lionhead. In Japan it is, like the Koi carp with a similar pattern of coloration, termed ***Tanchô*** *(lit. red crowned), and for a long time both these fishes were highly prized due to their very effective representation of the Japanese national colours.*

The Red Cap Lionhead probably originated in China as long ago as around 1590, during the Ming dynasty. The hood should be very compact, high, and deep red in colour. It should reach neither the eyes nor the mouth. A red ring around the eye is desirable. The body should be oval in shape, the body and fins should be silver-white, without red or yellow spots. The caudal fin should be large and as long as the body. Unfortunately, despite centuries of selective breeding, only very few fish from any spawning fulfil these stringent criteria.

The ***Bronze Red-cap Lionhead*** *(Chinese* zhu-ding zi-luo pao or zhu-ding zi gao-tou) *is, maybe owing to its rarity, even more prized than the Red Cap Lionhead, since its colour is not very stable and tends to simply fade to red. The colour of the body is violet to bronze, the head growth a deep red, while the eyes, narial septa, and lips are black or bronze. This form was bred in 1954 in China from the bronze highhead. According to* WU HUI-SHENG, *on two occasions during the early eighties specimens of all the different type of valuable and rare goldfish were sent from the zoo in Hang-zhou to the goldfish exhibition in Hong Kong's Ocean Park. These shipments included Bronze Red Cap Lionheads, which, according to the newspaper reports, soon became the favourites of the Hong Kong and Macao goldfish fanciers. A 15 cm. long pair of this fish was sold for HK$ 600,000 (about US$ 180,000) at that time, thus becoming the most expensive goldfish ever sold.*

The ***Black Red Cap Lionhead*** *(Chinese* zhu-ding hei gao-tou) *has not attained the level of popularity of the previous type, but its black colour is likewise not very stable and can change to red.*

The ***Tigerhead Dragon-eyes*** *(Chinese* hu-tou long-jing) *constitute a rather large group, with the* ***White Dragon Jade-Bearer*** (bai-long tou-yu) *the most prized member of the group in China. Over last ten years it has become quite rare there, and hence even more valuable. Other colour variations are the blue, purple, (red and white) patterned* (hua), *purple-blue, and pale-blue Tiger-head Dragon-eyes, as well as the* ***Red Crest Crane Dragon-eye*** *(Chinese* he ding hong long-jing), *also known as the* ***White Red-Cap Dragon-eye*** *(Chinese* zhu ding [or gao-tou] bai long-jing). *Once again this is a new variation of a recent breed, which was displayed for the first time at an exhibition in 1993 where it won the silver medal. Another variety with enlarged eyes is the* ***Gold-wrapped-in-iron Dragon-eye Cap Fish*** (tie-bao jin long-jing mao-zi), *which is also a new breed. These fishes have a body colour ranging from golden yellow to red-gold with black to blackish-red fins, the colour being most prominent in the caudal and dorsal fins, as well as having black spots on the dorsal region, on the eyeballs and around the mouth. The only slightly developed hood is brilliant red.*
Among the high-headed goldfish individuals with a narial bouquet are relatively rare, and the only Dragon-eye appears to be the ***Red High-head Dragon-eye with Pompons*** *(Chinese*

Der Körper sollte oval geformt sein. Eine neuere Zuchtform aus dem Anfang der sechziger Jahre hat einen kugelförmigen Körper, wodurch die Tiere in Verbindung mit den Perlschuppen einem Golfball nicht unähnlich sehen und oft auch so genannt werden. Die Perlschuppen sollten gleichmäßig über den ganzen Körper verteilt sein und auch den Rücken bedecken. Der Kopf ist schmal und sollte sich zum Maul hin verjüngen, ein Merkmal, welches als Mauskopf bezeichnet wird.
Es gibt perlschuppige Goldfische mit kurzem Fächerschwanz (chin. *shan wei*), ähnlich dem weiter unten noch zu besprechenden Ranchu, und solche mit verlängertem Fransenschwanz wie bei den oben besprochenen Arten, welchen die Chinesen Phönixschwanz (*feng wei*) nennen, aber nicht so prominent ist, wie die Beflossung des ebenfalls noch zu erwähnenden Eierphönix. In neuerer Zeit gibt es auch Züchtungen mit mehr oder weniger starken Kopfwucherungen.
An Farbvarianten gibt es rote, orange, weiße, eisenfarbige, bonzefarbige, blaue, rotweiße, schwarzgoldene und fünffarbige (kaliko) Perlschupper. Bis auf die weiße Form, welche immer eine geringe rote Kopfwucherung trägt und **Rotkappen-Perlschupper** oder **Tancho-Perlschupper** (chin. *hong-mao zhen-zhu* oder *zhu-ding zhen-zhu*) genannt wird, können alle Farbformen als zusätzliches Merkmal auch noch Drachenaugen, Quellkiemen und/oder Kopfwucherungen haben. Perlschupper mit Drachenaugen traten nach Wang Zhan-hai et al. erstmal 1935 auf. Die Kopfwucherungen der Perlschupper sind jedoch im Vergleich zu den oben beschriebenen hochköpfigen Goldfischen gewöhnlich nur schwach ausgebildet. In einer zweiten Form hat die Kopfwucherung nicht das übliche warzige Aussehen, sondern bildet eine oder zwei eiförmige Blasen auf dem Schädeldach. Diese Variante wurde zuerst in Japan in der Stadt Hamamatsu gezüchtet und heiß dort **Hamanishiki** (Hamabrokat). Bei uns werden die Tiere gewöhnlich als **Gekrönte Perlschupper** bezeichnet.
Eine relativ neue Zuchtform ist der **Rote Froschkopf-Perlschupper mit Quellkiemen** (chin. *hong zhen-zhu ha-ma-tou fan-sai*) mit nur sehr schwach ausgebildeten Blasenaugen.

Eiförmige Goldfische

In der dritten und letzten Gruppe werden alle Goldfische ohne Rückenflosse zusammengefaßt. Auch hier kann man wieder verschiedene Hauptgruppen unterscheiden, nämlich die eigentlichen Eierfische, Löwenköpfe, Blasenaugen und Himmelsgucker.

Eierfische

Der Vorfahre aller **Eierfische** (chin. *dan yu*) ist, wie die oben erwähnten Drachenaugen auch, zuerst in der Ming Dynastie um 1596 aufgetreten. Seine Körper war jedoch noch nicht eiförmig, sondern eher lang gestreckt. Auch war der Rücken noch nicht glatt, wie bei den heutigen Tieren, sondern zeigte oft noch mehr oder weniger große Reste der Rückenflosse. Erst aus einer langen, selektiven Zucht ist die heutige, uns bekannte Form mit eiförmigem Körper und glattem Rücken hervorgegangen.
Die wichtigsten Merkmale des Eierfisches sind die kurze, völlig geteilte, vierlappige Schwanzflosse, wie sie auch bei den Büffelköpfen zu finden ist und der runde Rücken. Dabei sollte der Rücken eine gleichmäßig gewölbte, bogenförmige Linie

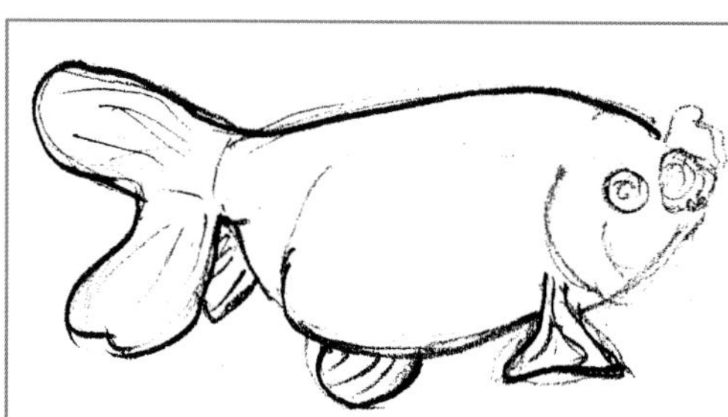

Eierfisch / Eggfish
Zeichnung/drawing: K. Bernhardt

hong gao-tou long-jing qiu). *Those with curled or upturned opercula are even more rare. The only one I know of is the **Magpie** [or **Panda**] **Highhead with Curled Opercula and Pompons** (Chinese* xi-que-hua fan-sai gao-tou qiu).

Pearl-Scaled Goldfish

The last group of the Wen-yu type to be mentioned is that of the goldfish with pearl-scales (Chinese zhen-zhu lin *or* zhen-zhu *for short). This is not a discrete group, as pearl-scales are only a secondary characteristic which may occur among the ordinary as well as the high-headed Wen-yu goldfish. The reason these fishes separately presented here is that there is rather more to say about this characteristic than about the Dragon-eyes and I would like to put it all together in one place. This form came into being around 1900 and was given its name due to the calcium carbonate deposits on the scales, which as a result look like halved pearls, although on first sight it is also reminiscent of abdominal dropsy. The body should be oval in shape. A new breed from the early sixties has a ball-like body, and the combination of this with pearl-scales means the fish looks not unlike a golfball and hence is often described as such. The pearl-scales should be evenly distributed all over the body and also cover the dorsal region. The head should be narrow and grow smaller towards the mouth, a characteristic that is termed a mouse-head. There are pearl-scaled goldfish with a short fantail (Chinese* shan wei), *similar to the Ranchu to be described below, and others with an elongate fringetail as described earlier. The Chinese call this form of the caudal fin phoenix tail* (feng wei), *but it is not as prominent as the finnage of the egg-phoenix discussed below. Recently forms have been produced with a more or less prominent hood. Colour variations among the pearl-scales include red, orange, white, iron-coloured, bronze, blue, red and white, black-golden, and variegated or calico. Apart from the white form, which always has a slight red hood and hence is called the **Red Cap Pearlscale** or **Tancho Pearlscale** (Chinese* hong-mao zhen-zhu *or* zhu-ding zhen-zhu), *all the other colour variations may also have dragon-eyes, upturned opercula, and/or a hood as an additional characteristic. According to* Wang Zhan-hai *et al, pearl-scaled goldfish with dragon-eyes first appeared in 1935.*

*The hood in the pearl-scaled goldfish is, however, not very prominent compared to that in the high-headed goldfish described earlier. In a second form the growth on the head does not have the usual warty appearance but instead forms one or two egg-shaped blisters on the top of the skull. This type was first bred in Japan in the city of Hamamatsu and is thus called the **Hamanishiki** (Hama brocade). In the West we usually term these goldfish Crowned Pearlscale. A relatively new breed is the **Red Frog-head Pearl-scale with Curled Opercula** (Chinese* hong zhen-zhu ha-ma-tou fan-sai), *which has only very weakly developed bubble-eyes.*

Egg-shaped Goldfish

The fourth and last group includes all the goldfish without a dorsal fin. These too can be further divided into several main groups, namely the basic Eggfish, Lion-heads, Bubble-eyes, and Celestials.

Eggfish

*The ancestor of all the **Eggfish***

bilden, welche ihren höchsten Punkt in der Mitte des Rückens erreicht, doch wird dieses Kriterium leider nur von den wenigsten Tieren erfüllt. Ein in der Körpermitte abgeflachter, eingebuchteter oder gar höckeriger Rücken tritt relativ häufig auf.

Auch hier gibt es Tiere in allen bereits erwähnten Farbschlägen, mir bekannt sind rote, weiße, mattweiße, blaue, purpurne, rotweiße und rotscheitelige, sowie fünffarbige (kaliko) Tiere. Sehr häufig haben gewöhnliche Eierfische ein Nasenbukett und werden dann in Japan *„hanafusa"* genannt, doch können auch noch eines oder mehrere Merkmale wie Perlschuppen, Drachenaugen und/oder Quellkiemen hinzukommen. Als kurzen Querschnitt seien genannt der **Blaue Eierfisch** (chin. *lan dan-yu*), **Rotweiße Pompon-Eierfisch** (chin. *hong-bai rong-qiu dan-yu* oder kurz *hong-bai dan qiu*), **Rotweiße Metallische Pompon-Eierfisch** (chin. *bo-li dan qiu*), **Rotscheitel Pompon-Eierfisch** (chin. *zhu ding dan qiu*), **Fünffarbige Drachenaugen-Eierfisch mit Nasenbukett** (chin. *wu-hua rong-qiu long-jing dan-yu* oder *wu-hua long-jing dan qiu*) und der **Fünffarbige Perlschuppen-Eierfisch mit Nasenbukett** (chin. *wu-hua zhu-zhen dan qiu*). Den Eierfisch mit Drachenaugen, eine relativ alte Zuchtform, welche erstmals 1726 in der Literatur erwähnt wurde, bezeichnet man in China auch als Drachenrücken (*long bei*).

Eine Variation des Eierfisches ist der **Eierphönix** (chin. *dan feng*), welcher aber oft auch als eigenständige Gruppe innerhalb der eiförmigen Goldfische betrachtet wird. In Japan nennent man ihn **Federrobe** oder **Federkleid** (*hagoromo*) Hierbei handelt es sich um einen Eierfisch mit lange ausgezogenen Bauch- und Schwanzflossen. Besonders die lange Schwanzflosse verleiht dem Fisch beim Schwimmen ein anmutiges Aussehen, welches die Chinesen an den Phönix mit seinem lange ausgezogenen Schwanz erinnerte, neben dem Drachen einem der vier Fabelwesen der chinesischen Mythologie.

Der Phönix (chin. *feng huang*; wörtl. Phöhnixhahn und -henne) war ein Symbol für Glück und Freude, aber auch für gut geratene Söhne. Das erste Schriftzeichen wird gerne in verschiedenen Namen verwendet, um eine graziöse oder feinfiederige Beschaffenheit auszudrücken, wie etwa dem Name für Farne (*feng mao cao*, wörtl. Phönixschwanz Gras) und dem Farnblättrigen Bambus (*feng mao zhu*, wörtl. Phönixschwanz-Bambus; *Bambusa multiplex* var. *nana*).

Für den Eierphönix gelten die gleichen Farbvariationen wie für die Eierfische. Alle können wiederum zusätzlich Nasenbukett, Drachenaugen und/oder Quellkiemen sowie Kopfwucherungen haben. Besonders erwähnenswert sind hier noch der **Rotscheitel-Eierphönix** (chin. *zhu ding dan feng*), der **Rotkappen-Eierphönix** (chin. *he ding hong dan feng*) und der **Rotflossige Silberphönix** (chin. *hong qi bai dan feng*, wörtl. rotflossiger [silbrig-]weißer Eierphönix). Des weiteren ist der **Hochköpfige Eierphönix** zu nennen, ein Fisch, der mit seinen Kopfwucherungen dem nachfolgend beschriebenen Büffelkopf oder Ranchu bis auf die lang ausgezogenen Bauch- und Schwanzflossen gleicht.

Aus Japan ist eine weitere Zuchtform bekannt, der **Kinranshi**, welche 1902 von dem schon erwähnten Herrn Akiyama gezüchtet wurden. Hierbei handelte es sich um eine Kreuzung aus Büffelkopf und Wakin, welche heute aber nicht mehr existiert. Er war nicht sehr attraktiv und entsprach vom Aussehen her einem Wakin ohne Rückenflosse.

Büffelköpfe und Ranchus

Die wohlbeleibtere Form der Eierfische mit warzigem Bewuchs auf dem Kopf wird bei uns **Büffelkopf** oder, nach ihrem chinesischen Namen, **Löwenkopf** (*shi[-zi] tou*) genannt, noch häufiger aber mit ihrem japanischen Namen **Ranchu** bezeichnet. Um Verwechslungen mit dem oben bei den hochköpfigen Gold-

(Chinese dan yu*), like the Dragon-eyes discussed earlier, first appeared during the Ming dynasty. Its body was however not yet egg-shaped, but rather elongate. Moreover its dorsal profile was not as smooth as that of the fish we see today and often exhibited traces of the dorsal fin to a greater or lesser extent. Only after a long period of selective breeding has the present form, with its egg-shaped body and smooth dorsal profile, been developed.*

The most important features of the egg fish are the short, completely separated, quadruple lobes of the caudal fin (which are also present in the Ranchu) along with the rounded dorsal region. The dorsum should be arched uniformly, reaching its highest point in the middle of the back, but unfortunately this standard is attained by only a few egg-fish. Dorsal profiles which are flattened in the middle, concave, or even humped, appear relatively often.

In this case too the fish is to be found in all the colours already mentioned. I have seen red, white, matt white, blue, purple, red and white, as well as red-crowned, and variegated individuals. Very often the ordinary eggfish has a narial bouquet and then it is called 'hanafusa' *in Japan, but one or more additional characteristics such as pearl-scales, dragon-eyes, and/or curled opercula may also be present. A short selection that should be mentioned are the* ***Blue Eggfish*** *(Chinese* lan dan yu*), the* ***Red and White Pompon Eggfish*** *(Chinese* hong bai rong-qiu dan yu *or* hong ba dan qiu *for short), the* ***Red and White Nacreous Pompon Eggfish*** *(Chinese* bo-li dan qiu*), the* ***Red Crown Pompon Eggfish*** *(Chinese* zhu ding dan qiu*), the* ***Calico Dragon-eye Eggfish with Narial Bouquet*** *(Chinese* wu-hua rong-qiu long-jing dan yu *or* wu-hua long-jing dan qiu*), the* ***Calico Pearlscale Eggfish with Narial Bouquet*** *(Chinese* wu-hua zhu-zhen dan qiu*). The egg-fish with dragon-eyes, a relatively old cultivated form, which was first mentioned in the literature in 1726, is called the Dragon-back* (long bei) *in China.*

The ***Egg-Phoenix*** *(Chinese* dan feng*) is a variation of the Egg-fish, but one which is often regarded as an discrete group within the egg-like goldfish. In Japan it is called* ***Feather Robe*** *or* ***Feather Dress*** (hagoromo)*. This type of fish is an eggfish with elongated pelvic and caudal fins. The latter in particular lends it a graceful appearance while swimming, reminiscent to the Chinese of the phoenix with its long out-stretched tail. Along with the dragon the phoenix is one of the four fabled creatures in Chinese mythology.*

The phoenix (Chinese feng huang*; lit. phoenix cock and hen) was a symbol of luck and happiness, as well as for good and commendable sons. The first of the two characters is popular for use in various names in order to express a graceful or elegant quality, as in the name for the ferns -* feng mao cao *(lit. phoenix-tail grass) and the fern-leaved bamboo* (feng mao zhu, *lit. phoenix-tail bamboo; Bambusa multiplex var. nana).*

The colour variations of the Egg-Phoenix are as for the Egg-fish. Again all types may have a narial bouquet and/or upturned opercula as well as a hood. Worth special mention here are the ***Red Crown Egg-Phoenix*** *(Chinese* zhu ding dan feng*), the* ***Red-cap Egg-Phoenix*** *(Chinese* he ding hong dan feng*), and the* ***Red-finned Silver-Phoenix*** *(Chinese* hong qi bai dan feng, *literally red finned [silverish-]white Egg-Phoenix). There is also the* ***High-head Egg-Phoenix,*** *a fish, which looks similar to the ranchu or buffalohead described below in terms of both hood growth and its elongate pelvic and caudal fins.*

A further breed known from Japan is the ***Kinranshi,*** *which was*

fischen genannten Löwenkopf zu vermeiden, gebe ich dem weniger gebräuchlichen Namen Büffelkopf den Vorzug, falls es sich nicht um den japanischen Ranchu handelt.
Der hier beschriebene Büffelkopf heiß in Südchina auch Shou-xing, nach dem chinesischen Gott der Langlebigkeit, Shou xing gong, welchen wir ebenfalls schon bei den hochköpfigen Goldfischen kennenlernten. Bei den Chinesen ist der Büffelkopf sehr beliebt, weil er mit seinem großen Kopf und dem dicken Bauch sowohl an den Gott der Langlebigkeit, als auch an den lächelnden Buddha (*da du fo*; wörtl. großbäuchiger Buddha) erinnert.
Wichtige äußere Merkmale sind der relativ kurze Körper mit dickem, rundem Bauch, massigem Kopf und eine gleichmäßig gebogene Rückenlinie ohne Rückenflosse. Die Schwanzflosse ist kurz, völlig geteilt und bildet durch die starke Einbuchtung vier Lappen. Die warzige Wucherung bedeckt den ganzen Kopf und die Kiemendeckel.
Die japanische Variante des Büffelkopfes ist der **Ranchu** (chin. *lan shou*), welcher sich vom Büffelkopf durch eine viel geringere Kopfwucherung und eine wesentlich betontere Krümmung der Rückenlinie unterscheidet. Der Körper des Ranchu soll etwas massiger sein als der des Büffelkopfes. Auch ist seine Schwanzflosse etwas kleiner und bildet mit der gebogenen Rückenlinie einen spitzen Winkel, während die Schwanzflossen des Büffelkopfes nur einen stumpfen Winkel mit der Rückenlinie bilden, oder gar den Bogen derselben ohne Winkel fortsetzen.
Der Ranchu zählt in Japan zu den beliebtesten Goldfischen: Es gibt dort sehr viele Ranchuklubs und fast monatlich Ausstellungen mit diesen Tieren. Auf diesen Ausstellungen werden die Tiere gemäß den vom Sumo-Ringen her bekannten Klassen bewertet, oft werden die Tiere gar mit Sumo-Ringern verglichen.
Er soll in Japan seit etwa 1700 bekannt sein und die erste japanische Goldfischausstellung überhaupt, auf welcher auch Ranchus gezeigt wurden, fand 1885 statt, anderen Autoren zufolge soll der Büffelkopf jedoch erst um 1904 in China gezüchtet worden sein.
Bei neueren chinesischen Nachzuchten des Büffelkopfes scheinen nun jedoch auch Tiere mit stärker gekrümmter Rückenlinie und abgewinkelter Schwanzflosse bevorzugt zu werden. Andererseits werden in letzter Zeit auch Ranchus mit wesentlich ausgeprägteren Kopfwucherungen gezüchtet, sodass sich die Unterschiede beider Formen evtl. ganz verwischen könnten.
Gelegentlich zeigen sich unter den Nachzuchten Tiere mit einer Rückenflosse, die jedoch gewöhnlich aussortiert werden. Diese Tiere wirken ausgewachsen ebenso anmutig wie die Büffelköpfe und sehen den oben erwähnten (Oranda) Löwenköpfen nicht unähnlich. Von diesen sind sie jedoch relativ leicht durch die nach wie vor stärker gebogene Rückenlinie mit abgewinkelten, kurzen Schwanzflossen und kurzer Rückenflosse zu unterscheiden. Die wenigen Ranchu mit Rückenflosse im AQUALOG-

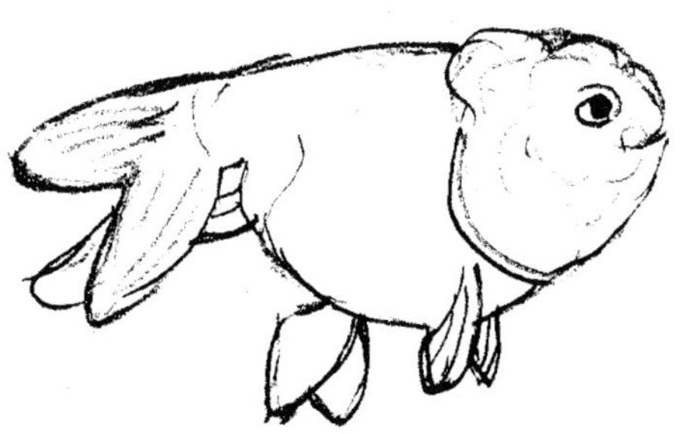

Büffelkopf / Buffalohead

Ranchu
Zeichnungen/drawings: K. Bernhardt

bred by the already-mentioned Mr. Akiyama in 1902. It was a cross between a Buffalohead and a Wakin, but no longer exists today. It was not very attractive and looked like a Wakin without the dorsal fin.

Buffalo-heads and Ranchu

The more round-bodied form of the eggfish with a warty growth on the head is called the **Buffalohead** *or by its Chinese name of* **Lionhead** (shi[-zi] tou), *or even more frequently by its Japanese name of* **Ranchu.** *In order to avoid any confusion with the lionhead described above in the high-headed goldfish group, I will prefer the less common term buffalohead in this book, except when discussing the Japanese Ranchu.*

The buffalo-head described here is also called Shou-xing in the south of China, after the god of longevity Shou-xing gong, whom we already met above when we discussed the high-headed goldfish. The buffalohead is very popular in China, because, with its big head and fat belly, it reminds them not only of the god of longevity but also of the laughing Buddha (da du fo; *literally big bellied Buddha).*

Its important external features are the relatively short body with a fat, round belly, huge head, and a uniformly-arched back without a dorsal fin. The caudal fin is short, completely divided, and strongly forked forming four lobes. The warty growth covers the entire head and the gill covers.

The Japanese version of the buffalohead is the **Ranchu** *(Chinese* lan-shou*), which is differentiated from the buffalohead by a much smaller hood and a more prominent dorsal curvature. The body of a Ranchu should also be more massive than that of a buffalohead. Moreover the caudal fin is somewhat shorter than that of the buffalohead and forms an acute angle with the curved back, while the caudal fin of the buffalohead forms only an obtuse angle with the back or continues the curve of the back without any angle at all.*

The Ranchu is one of the most popular goldfish in Japan and hence many Ranchu clubs exist there, with Ranchu shows almost every month. At these shows the fish are graded according to the classes known from Sumo wrestling and are often compared with the Sumo wrestlers themselves. The ranchu has supposedly been known since 1700 in Japan and the first Japanese goldfish exhibition at which it was exhibited was held in 1885. According to other authors however, the ranchu was bred in China and not until 1904.

The modern Chinese forms of the Buffalo-head, however, exhibit a preference for the very crooked dorsal curvature and angular caudal fin. On the other hand, Ranchus with prominent hoods growths have also been bred recently, so that the differences between the two types could eventually disappear completely. Occasionally individuals with a dorsal fin occur, but these are usually culled. When full grown these fishes are as pleasing in appearance as the buffalo-head and look not dissimilar to the above-mentioned (Oranda) Lionheads. They are, however, relatively easily distinguished from the latter by the greater dorsal curvature, the angled short caudal fin, and the short

Bildband werden fast ausnahmslos bei den hochköpfigen Goldfischen gezeigt.

Die Tiere werden in den Farben rot, weiß, schwarz, bronzefarbig, rotweiß, rotschwarz und fünffarbig (kaliko) gezüchtet. Ganz weiße Tiere wurden aus den oben schon erwähnten Gründen häufig aussortiert.

Bei rot gefärbten Tieren sind in der Regel Kopf und Schwanz kräftig rot gefärbt, während der Körper eher orangerot aussieht, die Schwanzflosse kann jedoch auch nur an der Wurzel rot sein und sich zu den Flossenspitzen hin weiß färben. Eine große Variation läßt sich jedoch bei den rotweißen Tieren feststellen, welche auf den Ausstellungen in Japan zum Teil auch in unterschiedlichen Klassen bewertet werden. So gibt es neben dem **Rotkappen-Ranchu** oder **Büffelkopf** auch rote Tiere mit einem weißen Kopf (*menjiro ranchu* - **Weißköpfiger Ranchu**) und evtl. mit roten Lippen (kuchibeni ranchu - **Lippenstift Ranchu**), rote Tiere mit nur einem weißen, in China Jadesiegel (*yu-yin*), in Japan kleines (*komado*) oder großes Fenster (*ômado*) genannten Fleck auf dem Kopf, mit einem weißen Sattelfleck auf dem Rücken, mit ganz weißem Rücken, weiß oder mattweiß mit rotem Kopf, weiß mit rotem Kopf und event. roten Flossen (*menkaburi ranchu* - **Ranchu mit bedecktem Kopf**), weiß mit rotem Kopf und einzelnen roten Schuppen (*Azuki ranchû* - **Mungobohnen Ranchu**) usw. Die Schwanzflosse ist entweder völlig rot oder aber weiß mit einem roten Ring an der Schwanzwurzel, welcher Ochsenauge (*ja-no-me*, wörtl. Schlangenauge) genannt wird, seltener ist sie ganz weiß. Ähnliches gilt für rotschwarze Tiere, wenngleich hier die Variationsbreite nicht ganz so groß ist.

Der schwarze Ranchu ist eine Züchtung jüngster Zeit und stammen von einer Fischfarm in Tsung Pak Long in Hong Kong. Es handelt sich hierbei um einen Ranchu mit den starken Kopfwucherungen des Büffelkopfes oder Löwenkopfes, der oft auch unter der Bezeichnung „China Star" verkauft wird.

Neuerdings gibt es auch Tiere mit Nasenbukett oder Drachenaugen, jedoch ist die Mischung von Büffelkopf und Drachenauge nicht sehr attraktiv.

Eine weitere japanische Variante des Büffelkopfes ist der Fünffarbige Ranchu oder **Edonishiki**, eine Kreuzung aus Ranchu und Azumanishiki (siehe hochköpfige Goldfische). Edo war der alte Name von Tokyo, Stammsitz der Tokugawa Shogune (1603-1867) und *„nishiki"* (chin. *jin*) ist ein Brokatstoff. *Nishiki* dürfte manchem Liebhaber japanischer Fische von Nishikigoi (wörtl. Brokatkarpfen) schon bekannt sein, welches einen anderen Namen für den Koi darstellt. Koi ist übrigens das japanische Wort für Karpfen. Den Edonishiki gibt es auch mit perlmuttartiger Teilbeschuppung. Beim Edonishiki ist die Rückenlinie etwas stärker gekrümmt als beim normalen Ranchu, wodurch die Tiere noch kompakter wirken. Der Bauch ist bei weitem nicht so rund wie der des Ranchu und die auf Kopf und Kiemendeckel vorhandene Wucherung ist nur ganz schwach ausgebildet. Die matte Variante des Edonishiki wird **Sakuranishiki** genannt (*sakura* = Kirsche). Diese Tiere wirken durch ein weitgehendes Fehlen schwarzer Schuppen mehr rötlich, daher der Name.

Weitere, sehr ähnliche Zuchtformen sind Osaka-Ranchu, Nankin, Shukin, Kyonoshiki und Maruka. Der **Osaka-Ranchu** ist in der Bauchregion noch runder und fülliger als der Ranchu, hat aber im Gegensatz zu diesem keinerlei Kopfwucherung und eine etwas größere, dreilappige Schwanzflosse. Diese Form, wird vornehmlich um Osaka gezüchtet, und ist älter als der Ranchu – dieser könnte von ihr abstammen. Leider ist der Osaka-Ranchu nicht (mehr) sehr beliebt und darum heute selten.

Ebenfalls keine Kopfwucherung und eine größere, drei- oder vierlappige Schwanzflosse hat der **Nankin**, aber im Gegensatz zum Osaka-Ranchu ist er schlanker und der Kopf etwas spitzer zulaufend. Der Nankin ist entweder rein weiß gefärbt oder er hat einen roten Mund und rote Flossen, eine Färbung welche man

dorsal fin. The small number of Ranchus with a dorsal fin presented in the AQUALOG are shown mainly together with the high-headed goldfish.The ranchu and buffalohead are bred in the colours red, white, black, bronze, red and white, red and black, and variegated or calico. Most of the white fish are culled for the reasons given earlier.

In the red fish the head and tail are usually brilliant red, while the body is more orange-red, while the caudal fin may be red only at the peduncle and pales to white at the tips of the fin. There is a considerable variation to be seen in the red and white fishes, which are sometimes is also divided into different categories at exhibitions in Japan. Thus, apart from the ***Red Cap Ranchu*** *or* ***Buffalohead,*** *there are also red fishes with a white head (*menjiro ranchu *- White Headed Ranchu) and perhaps red lips (*kuchibeni ranchu *- Lipstick Ranchu), or red fishes with only a white "jade seal" (*yu-yin*) in China and as little (*komado*) or big window (*ômado*) in Japan, spot on the head; fishes with a white "saddle" spot on the back, or with a completely white back; all white or matt white with a red head and maybe red fins (*menkaburi ranchu *- Ranchu with covered head) ; or white with a red head and individual red scales (*Azuki ranchû *- Mungbean Ranchu). The caudal fin is either totally red or white with a red ring round the root of the tail, which is called bull´s-eye (*ja-no-me*, lit. serpents eye), but seldom completely white. The same applies to the red and black fish, even though the scale of variation is not as great.*

The black Ranchu is a recent breed and originates from a fish farm in Tsung Pak Long in Hong Kong. This Ranchu has a prominent hood like that of the buffalo-head or lionhead. Often it is sold under the name "China Star".

Recently fishes with a narial bouquet or dragon-eyes have also appeared, but this mixture of buffalo-head and dragon-eyes does not appear very attractive.

A further Japanese variation of the buffalo-head is the Calico Ranchu or ***Edonishiki,*** *a cross between Ranchu and Azumanishiki (see high-headed goldfish). Edo was the old name for Tokyo, the ancestral seat of the Tokugawa Shoguns (1603–1867), while "nishiki" (Chinese* jin*) means brocade. The Japanese word "nishiki" may be familiar to some fanciers of Japanese fish, since Nishikigoi (lit. brocade-carp), is another name for the Koi. Koi is actually the Japanese word for carp.*

The Edonishiki is also bred with a partial or nacreous squamation. The dorsal curvature of Edonishiki is more crooked than that of the normal Ranchu, as a result of which the fish appears more compact and egg-like. The belly, however, is far less rounded than that of the Ranchu and the growth on the head and opercula is also very weak. The matt variation of the Edonishiki is called the ***Sakuranishiki*** *(*sakura *= cherry). This fish appears reddish owing to the extensive absence of black scales, hence the name.*

Additional, very similar, cultivated forms are the Osaka-Ranchu, Nankin, Shukin, Kyonoshiki, and Maruka. The ***Osaka-Ranchu*** *is rounder and fuller in the belly than the Ranchu, but, unlike the latter, has no head-growth but does have a larger, triple-lobed, caudal fin. This type, which is bred mainly around Osaka, is older than the Ranchu, and thus could be its ancestor. Unfortunately the Osaka-Ranchu is no longer very popular today and hence has become rare.*

The ***Nankin*** *likewise has no head-growth and has a larger,*

wie beim Jikin erwähnt *„rokurin"* (Sechsschuppe) nennt, evtl. ist aber auch nur der Mund rot. Diese Variante wird nur im Shimane-Distrikt gezüchtet und ist relativ selten. Der **Kyonoshiki** scheint die fünffarbige Form des Nankin zu sein.

Im Jahre 1902 züchtete der bereits mehrmals erwähnte Herr Akiyama aus einer Kreuzung von Büffelkopf und Löwenkopf den **Shukin**. Er entspricht von der Körperform dem Nankin, hat aber eine leichte Wucherung auf Kopf und Wangen, sowie einen recht großen Fransenschwanz. Auch diese Form fand keine große Beliebtheit und ist heute fast ausgestorben. Er ähnelt sehr stark dem oben beschriebenen Hochköpfigen Eierphönix chinesischer Züchtung.

Als Urform aller Ranchu wird schließlich der **Maruko** betrachtet. Er hat im Vergleich zum Ranchu eine relativ langgestreckte Körperform, keinerlei Kopfwucherung und eine nur leicht vergrößerte, vierlappige Schwanzflosse. Die Färbung ist ein einfaches Rot.

Blasenaugen

Beim **Blasenauge** (chin. *shui pao yan*, jap. *suihogan*; wörtl. Wasserblasenauge), welches um 1908 erstmals in China gezüchtet wurde, handelt es sich der Form nach um einen Eierphönix mit dem zusätzlichen Merkmal eines mit Flüssigkeit gefüllten Sackes unter den Augen, wodurch diese nach oben gerichtet sind. Der Rücken kann etwas stärker gekrümmt sein, ähnlich dem Löwenkopf neuerer Züchtung, aber die Schwanzflosse ist immer lang ausgezogen wie beim Eierfisch.

Bei den Blasen handelt es sich um eine Hautfalte, welche mit einer blaßgelben Körperflüssigkeit gefüllt ist. Die Haut dieser Blasen ist so dünn, daß die Blutgefäße hierin deutlich sichtbar sind. Aus diesem Grunde sind die Blasen recht empfindlich.

Bei den frisch geschlüpften Jungtieren sind die Augen noch normal nach den Seiten gerichtet. Erst mit zunehmender Entwicklung und Vergrößerung der Blasen drehen sich die Augen langsam nach oben. Wurde eine Blase verletzt und die Flüssigkeit ist ausgetreten, kehrt das Auge langsam wieder in seine normale Position zurück. Die Tiere sollten einen ovalen Körper mit einem gerundeten, glatten Rücken haben. Die Flossen sollten gut entwickelt und lang, die beiden Blasensäcke symmetrisch sein. Große Blasen werden als attraktiv erachtet, da diese beim Schwimmen mit den Bewegungen mitschwingen.

Blasenaugen gibt es in den Farben rot, schwarz, blau, weiß, purpurn, rotweiß, rotschwarz und fünffarbig (kaliko). Als Besonderheit ist das recht seltene **Zinnober-Blasenauge** mit weißem Körper und roten Blasensäcken zu erwähnen. Eine neuere Züchtung sind **Gänsekopf-Blasenaugen**, das sind Tier mit Kopfwucherung in unterschiedlicher Färbungen. Abweichend von der eigentlichen Form ohne Rückenflosse gibt es auch Blasenaugen mit Rückenflosse in rot, purpurn, rotweiß, rotschwarz, fünffarbig und zinnoberrot.

Krötenkopf

Der **Krötenkopf** oder **Froschkopf** (chin. *ha ma tou; ha ma* bedeutet sowohl Kröte, als auch Frosch) wird eigentlich nicht als eine selbständige Variante betrachtet, sondern als eine Sonderform des gerade besprochenen Blasenauges. Bei diesen Fischen ist die Blase unter den Augen nur schwach ausgebildet, die Augen sind normal seitwärts gerichtet. Den Froschkopf gibt es in den Farben rot, rotweiß und fünffarbig, sowie mit Perlschuppen und/oder Quellkiemen. Gelegentlich treten auch Blasenaugen mit einer Rückenflosse auf, doch wurden diese bislang nicht sehr geschätzt und oft aussortiert. Erwähnenswert ist hier der **Rote Krötenkopf mit Perlschuppen** sowie der **Rote Krötenkopf mit Perlschuppen und Quellkiemen**. Letzterer zeigt zusätzlich auch einen schwach ausgebildeten Gänsekopf.

*triple- or quadruple-lobed caudal fin, but by contrast with the Osaka-Ranchu it is slimmer and has a somewhat pointed head. The Nankin is either pure white or has a red mouth, or both the mouth and fins are red, a combination which, as already mentioned when discussing the Jikin, is termed as "rokurin" (six scales). This variation is bred only in Shimane district and is relatively rare. The **Kyonoshiki** seems to be a Nankin with variegated coloration.*

*Mr. Akiyama, who has been mentioned several time previously, bred the **Shukin** in 1902 by crossing a Buffalohead and a Lionhead. It has the body form of the Nankin, but has a slight growth on the head and the cheeks as well as quite a big fringe-tail. This form was likewise not very popular and is almost nonexistent today. It looks very much like the high-headed egg-phoenix of Chinese origin, described above.*

*Last of all, the **Maruko** is thought to be the original precursor of the Ranchu. In comparison to the Ranchu it has a relatively elongated body, no head-growth, and only a slightly enlarged four-lobed caudal fin. Its colour is a plain red.*

Bubble-eyes

*The **Bubble-eye** (Chinese* shui pao yan; *jap.* suihogan, *lit. water bubble eyes), which was first bred in 1908 in China, is an Egg-phoenix by virtue of its shape, with the additional peculiarity of liquid- filled bags under the eyes, as a result of which they look upwards. The back can be more strongly curved, similar to the recent Buffalohead form, but the caudal fin is always very elongate like that of the Egg-fish. The bubble is actually fold of skin filled with pale yellow body fluid. The skin of the bubble is so thin that the blood vessels in it are clearly visible. For this reason the bubbles are extremely delicate.*

*The eyes of the newly-hatched fry are normal and directed to the side. Only with the increasing development and enlargement of the bubbles do the eyes gradually become directed upwards. If a bubble is damaged and loses its liquid, the eye returns to its normal position. This fish should have an oval body and a round, smooth back. The fins should be well developed and long, and the two bubble-sacs symmetric. Big sacs are considered attractive, as they bob along in time with the swimming motion of the fish. Bubble-eyes occur in red, black, blue, white, purple, red and white, red and black, and variegated or calico. The **Cinnabar Bubble-eye,** which has a white body and red bubble sacs, is an extreme rarity. Recent breeds include the **Goose-head Bubble-eye,** a high headed bubble-eye available in various colours. Apart from the normal type with no dorsal fin, there also Bubble-eyes with a dorsal, in red, purple, red and white, red and black, calico, and cinnabar.*

The Toad-head

*The **Toad-head** or **Frog-head** (Chinese* ha ma tou; ha-ma *means toad as well as frog in Chinese) is actually not considered as constituting a separate group, but as a special form of the bubble-eyes discussed above. In this fish, the bubbles under the eyes are only slightly developed and the eyes are directed to the side as normal. The Frog-head occurs in red, red and white, and calico, as well as with pearl scales and/or curled opercula. Occasionally a Bubble-eye with a dorsal fin occurs, but these have so far not proved popular and are often culled. Worth mentioning here are the **Red Toad-head with Pearl-scales** and the **Red Frog-head with Pearl-scales and Curled Opercula.** The latter also has a weakly-developed goose-head.*

Himmelsgucker

Als letzter Vertreter der eiförmigen Fische bleibt noch der **Himmelsgucker** (jap. *chotengan*; chin.: *zhao tian yan*, wörtl. Morgenhimmelauge; *zhao tian long*, wörtl. Morgenhimmeldrache; *wang tian yan*, wörtl. Stier-nach-dem-Himmel-Auge; *ding tian yan*, wörtl. zum-Himmel-gerichtetes-Auge) zu erwähnen. Er vereint die Form des Eierfisches mit den vergrößerten, gestielten Augen des Drachenauges oder Teleskopfisches. Im Gegensatz zum Drachenrücken sind beim Himmelsgucker die Augen jedoch nach oben zum Himmel gerichtet.

Die Tiere traten in China erstmals im Jahre 1870 auf. Der Erzählung nach sollen die Vorfahren aller Himmelsgucker in hohen Tongefäßen gehalten worden sein, wodurch sich dieses Merkmal herausgebildet haben sollte. Dies ist jedoch unsinnig, da es sich bei der Augenform um eine vererbbare Eigenschaft handelt, erworbene Eigenschaften jedoch nicht vererblich sind.

Wiederum zeigt die Fischbrut diese Eigenschaft noch nicht. Wie beim Drachenauge beginnen die Augen etwa ein bis zwei Monate nach dem Schlupf hervorzutreten und drehen sich schließlich um 90° nach oben. Die Pupillen sollten dann in einer horizontalen Linie liegen und senkrecht nach oben schauen. Tiere, bei denen die Augen mehr vor- oder seitwärts gerichtet sind werden gewöhnlich aussortiert. Die Tiere können rot, orange, purpurn, rotweiß, schwarzweiß, fünffarbig und seltener weiß gefärbt sein. Zusätzlich können die Tiere auch ein Nasenbukett haben.

Gelegentlich treten auch Himmelsgucker mit Rückenflosse auf. Eine relativ junge Züchtung scheint der **Himmelsgucker mit Blasenaugen** (chin. *zhao tian yan shui-pao yan*) zu sein, welcher beide gerade besprochenen Merkmale vereint.

Die Fische werden am besten in großen Keramikbottichen oder im Sommer in flachen Teichen gehalten, damit man sie von oben betrachten kann und auch nur dann die doch etwas bedauernswerten Geschöpfe auch ihren Pfleger sehen können, so sie dies denn wollen.

The Celestial

The final representative of the egg-like fish to be mentioned is the **Celestial** *(Japanese* chotengan, *Chinese* zhao tian yan, *lit. morning sky watcher;* zhao tian long, *lit. morning sky dragon,* wang tian yan, *lit. eyes towards heavens;* ding tian yan, *lit. starring at the skies). It combines the form of the egg-fish with the enlarged and stalked eyes of the dragon-eye or telescope-fish. In contrast to the dragon-back, the eyes of the Celestial are, however, permanently directed upwards towards the heavens. This fish first appeared in 1870 in China. The story goes that the ancestors of all the Celestials were kept in tall ceramic tubs, which led to the development of their peculiarity. This is, however, a specious explanation, as the form of the eyes is inherited, while acquired features are not transmittable.*

Once again the fry do not at first exhibit this peculiarity. As with the Dragon-eyes, about a month or two after hatching the eyes begin to protrude and eventually turn upwards through 90°. The pupils should then both lie on a horizontal line and look directly upwards.

Fish whose eyes point more forwards or sideways are usually culled. The colour of the Celestial can be red, orange, purple, red and white, black and white, variegated or calico, and, rarely, white. In addition these fishes may have a narial bouquet.

Occasionally Celestials with a dorsal fin also occur. The **Celestial with Bubble-eyes** *(Chinese* zhao tian yan shui-pao yan*), which unites both characteristics mentioned, appears to be a relatively recent form.*

These fishes are best kept in large ceramic tubs or, during summer, in shallow ponds, so that one can observe them from above; and only thus can the poor creatures also see their owner, assuming they actually want to do so.

Symbole

Für alle Goldfische gilt:

Bitte beachten Sie jedoch die unterschiedlichen Temperaturansprüche

Herkunft

Die Heimat des Fisches ersehen Sie ganz leicht an dem Buchstaben vor der Code-Nummer:

A = Afrika **E** = Europa **N** = Nordamerika
S = Lateinamerika **X** = Asien und Australien

Größe/Alter

Die letzte Ziffer der Code-Nummer steht immer für das Alter des fotografierten Fisches:

1 = klein (Baby / Jugendfärbung)
2 = mittel (Jungfisch / juvenil / Verkaufsgröße)
3 = groß (halbwüchsig / gute Verkaufsgröße)
4 = sehr groß (ausgewachsen / adult)
5 = extrem groß (Zuchttier)
6 = maximale Größe (Ausstellungs- bzw. Schautier)

Herkunft

W = Wildform **B** = Nachzucht
Z = Zuchtform
X = Kreuzungsform

Größe

... cm = ungefähre Größe, die dieser Fisch ausgewachsen (adult) erreichen kann.

Geschlecht

♂ männlich ♀ weiblich ♂♀ Paar

Temperatur

18–22°C (64–72°F) (Zimmertemperatur)
22–25°C (72–77°F) (tropische Fische)
24–29°C (75–85°F) (Diskus etc.)
10–22°C (50–72°F) kalt (Nordamerika / Europa)

pH-Wert

pH 6,5–7,2 keine besonderen Ansprüche (neutral)
pH 5,8–6,5 liebt weiches und leicht saures Wasser
pH 7,5–8,5 liebt hartes und alkalisches Wasser

Beleuchtung

hell, viel Licht / Sonne
nicht zu hell
fast dunkel

Futter:

Allesfresser, Trockenfutter, keine besonderen Ansprüche
Futterspezialist, Lebendfutter, Gefrierfutter
Fischräuber, Futterfische füttern
Pflanzenfresser, Pflanzenkost zufüttern

Schwimmverhalten

keine besonderen Eigenschaften
im oberen Bereich / Oberflächenfisch
im unteren Bereich / Bodenfisch

Aquarium-Einrichtung

nur Bodengrund und Steine etc.
Steine / Wurzeln / Höhlen
Pflanzenaquarium und Steine / Wurzeln

Verhalten/Vermehrung

Paarweise oder im Trio halten
Schwarmfisch, nicht unter 10 Exemplaren halten
Eierleger
Lebendgebärer
Maulbrüter
Höhlenbrüter
Schaumnestbauer
Algenvertilger/Scheibenputzer (Wurzeln+Spinat)
leichte Pflege (für entsprechende Gesellschaftsbecken)
schwierig zu halten, vorher Fachliteratur beachten
Vorsicht, extrem schwierig, nur für erfahrene Spezialisten
die Eier benötigen eine spezielle Behandlung
§ geschützte Art, (WA), „CITES" Sondergenehmigung nötig
~L~ amphibisch (benötigt Landteil)
<Bw> Brackwasser (Wasser + Salzzusatz)
~Sw~ Meerwasser (ständig im Meer lebend)
<~Sw~ juvenil im Meer (später auch im Brack- oder Süßwasser)
~Sw~> juvenil im Süßwasser (später auch im Meer)
<~Sw~> sowohl im Meer als auch im Süßwasser (wechselt!)

Mindest-Beckengröße		Länge	Inhalt
SS	sehr klein	20–40 cm	5–20 l
S	klein	40–80 cm	40–80 l
m	mittelgroß	60–100 cm	80–200 l
L	groß	100–200 cm	200–400 l
XL	sehr groß	200–400 cm	400–3 000 l
XXL	extrem groß	über 400 cm	über 3 000 l
			(Schauaquarien)

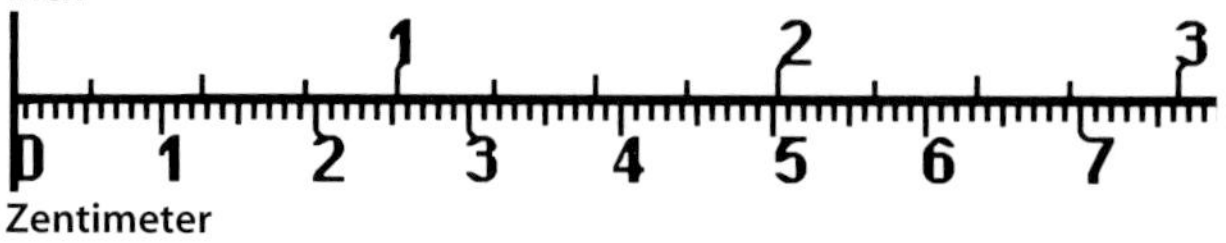

X30500-4 Silberkarausche (wildfarbiger Goldfisch)
Goldfish (wild coloured)
Ji
Funa
photo: Archiv A.C.S.

X30501-2 Silberkarausche mit metallischer Färbung
Goldfish with metallic coloration
Ji
Funa
photo: F. Teigler / Archiv A.C.S.

X30504-2 Silberkarausche, matt (fast transparent)
Goldfish, matt (almost transparent)
Ji
Funa
photo: F. Teigler / Archiv A.C.S.

X30503-2 Silberkarausche, matt mit Netzzeichnung
Goldfish, matt and reticulated
Ji
Funa
photo: F. Teigler / Archiv A.C.S.

X30504-3 Silberkarausche, matt (fast transparent)
Goldfish, matt (almost transparent)
Ji
Funa
photo: F. Teigler / Archiv A.C.S.

X33055-4 Gewöhnlicher Goldfisch, gelbgold
Common Goldfish, yellowgolden
Jin ji
Hibuna
photo: F. Teigler / Archiv A.C.S.

X33001-3 Gewöhnlicher Goldfisch, orangefarbig
Common Goldfish, orange coloured
Jin ji
Hibuna
photo: Archiv A.C.S.

X33002-2 Gewöhnlicher Goldfisch, rotgold
Common Goldfish, golden-red
Jin ji
Hibuna
photo: F. Teigler / Archiv A.C.S.

X33003-2 Gewöhnlicher Goldfisch, metallisch teilbeschuppt
Common Goldfish, nacreous
Ban tuo-ming jin ji
Han tômei hibuna
photo: F. Teigler / Archiv A.C.S.

X33004-2 Gewöhnlicher Goldfisch, matt / transparent
Common Goldfish, matt / transparent
Tuo-ming jin ji
Tômei hibuna
photo: F. Teigler / Archiv A.C.S.

X33005-3 Gewöhnlicher Goldfisch, blassgelb
Common Goldfish, pale yellow
Jin ji
Hibuna
photo: F. Teigler / Archiv A.C.S.

X33007-2 Gewöhnlicher Goldfisch, metallisch weiß
Common Goldfish, metallic white
Bai ji
Shiroi funa
photo: F. Teigler / Archiv A.C.S.

X33007-3 Gewöhnlicher Goldfisch, metallisch weiß
Common Goldfish, metallic white
Bai ji
Shiroi funa
photo: F. Teigler / Archiv A.C.S.

X33008-3 Mattweißer Goldfisch (mit schwarzem Auge des Kaliko)
Matt White Goldfish (with the black eye of the calico)
Tuo-ming bai ji
Tômei shiroi funa
photo: F. Teigler / Archiv A.C.S.

X33007-4 Weißer und rotweißer, netzartig beschuppter Goldfisch
X33009-4 White and Reddishwhite Goldfish with reticulated scalage
Bai & hua ji
Shiroi & Sarasa funa
photo: Archiv A.C.S.

X33058-3 Gewöhnlicher Goldfisch in rotgold, goldschwarz und kaliko (Codenummer: Mix)
Common Goldfish in golden-red, golden-black and calico (code number: mix)
Hong ji, Hong hei ji, Wu-cai ji
Funa, Kyariko
photo: B. Kahl

X33011-2 Gewöhnlicher Goldfisch, rotgold mit schwarzen Flecken
Common Goldfish, goldenred with black spots
Ji
Funa
photo: F. Teigler / Archiv A.C.S.

X33012-3 Gelber Goldfisch (Gelbkarpfen) mit metallischen Schuppen
Yellow Goldfish (Yellow Carp) with nacreous scales
Huang ji
Hibuna
photo: Man Shek-hai

X33011-2 Gewöhnlicher Goldfisch, rotgold mit schwarz
Common Goldfish, goldenred with black
Jin ji
Hibuna
photo: F. Teigler / Archiv A.C.S.

X33014-2 Gewöhnlicher, goldschwarzer Goldfisch
Common Goldfish, goldenblack
Hung-hei ji
Akasumi funa
photo: F. Teigler / Archiv A.C.S.

Goldfischteich im Verein für Aquarien- und Terrarienkunde Hottonia, Darmstadt.
Goldfishpond in the Aquarium Club Hottonia, Darmstadt, Germany.

photo: F. Schäfer

X33014-2 Gewöhnlicher, goldschwarzer Goldfisch
Common Goldfish, goldenblack
Hung-hei ji
Hisumi funa
photo: F. Teigler / Archiv A.C.S.

X33014-2 Gewöhnlicher, goldschwarzer Goldfisch
Common Goldfish, goldenblack
Huang-hei ji
Hisumi funa
photo: F. Teigler / Archiv A.C.S.

X33015-3 Rotweiße Goldfische
Red & White Goldfish
Hua ji / Hong bai ji
Sarasa
photo: B. Teichfischer

X33015-2 Rotweißer Goldfisch
Red & White Goldfish
Hua ji / Hong bai ji
Sarasa
photo: F. Teigler / Archiv A.C.S.

X33015-3 Rotweißer Goldfisch (Männchen)
Red & White Goldfish (male)
Hua ji / Hong bai ji
Sarasa
photo: K. Bernhardt

X33016-4 Rotweißer Goldfisch (metallisch)
Red & White Goldfish (metallic)
Hong bai ji
Sarasa
photo: Man Shek-hai

X33017-4 Rotweißer, matter Goldfisch
Red & White Goldfish, matt
Hong bai tuo-ming ji
Tômei sarasa
photo: Man Shek-hai

X33015-3 Rotweißer Goldfisch (Männchen)
Red & White Goldfish (male)
Hua ji / Hong bai ji
Sarasa
photo: F. Teigler / Archiv A.C.S.

X33015-3 Rotweißer Goldfisch
Red & White Goldfish
Hua ji / Hong bai ji
Sarasa
photo: F. Schäfer

X33015-4 Rotweißer Goldfisch
Red & White Goldfish
Hua (hong bai) ji
Sarasa
photo: B. Teichfischer

X33015-2 Rotweißer Goldfisch
Red & White Goldfish
Hua (hong bai) ji
Sarasa
photo: F. Teigler / Archiv A.C.S.

X33015-3 Rotweißer Goldfisch (und gelber Wakin)
X30512-3 Red & White Goldfish (and Yellow Wakin)
Hua (hong bai) ji
Sarasa
photo: K. Bernhardt

X33015-3 Rotweißer Goldfisch
Red & White Goldfish
Hua (hong bai) ji
Sarasa
photo: F. Teigler / Archiv A.C.S.

X33015-3 Rotweißer Goldfisch
Red & White Goldfish
Hua (hong bai) ji
Sarasa
photo: F. Teigler / Archiv A.C.S.

X33017-3 Rotweißer matter Goldfisch
Red & White Goldfish, matt
Hua tuo-ming ji
Tômei sarasa
photo: F. Teigler / Archiv A.C.S.

X33015-3 Rotweißer Goldfisch
Red & White Goldfish
Hua (hong-bai) ji
Sarasa
photo: F. Teigler / Archiv A.C.S.

X33015-3 Rotweißer Goldfisch (weiß mit roten Flossen und Maul)
Red & White Goldfish (white with red fins and mouth)
Shi-er hong ji
Rokurin (Sarasa)
photo: F. Teigler / Archiv A.C.S.

X33086-4 Schwarzweißer Goldfisch
Black & White Goldfish
Hei bai ji
Shirosumi funa
photo: F. Teigler / Archiv A.C.S.

X33086-4 Schwarzweißer Goldfisch
Black & White Goldfish
Hei bai ji
Shirosumi funa
photo: F. Teigler / Archiv A.C.S.

X33086-3 Schwarzweißer Goldfisch
Black & White Goldfish
Hei bai ji
Shirosumi funa
photo: F. Teigler / Archiv A.C.S.

X33097-2 Schwarzweißroter Goldfisch
Red, Black & White Goldfish
San-hua ji
Sanshoku funa
photo: F. Schäfer

X33097-5 Schwarzweißroter Goldfisch
Red, Black & White Goldfish
San-hua ji
Sanshoku funa
photo: F. Teigler / Archiv A.C.S.

X33097-5 Schwarzweißroter Goldfisch
Red, Black & White Goldfish
San-hua ji
Sanshoku funa
photo: F. Teigler / Archiv A.C.S.

X33097-5 Schwarzweißroter Goldfisch
Red, Black & White Goldfish
San-hua ji
Sanshoku funa
photo: F. Teigler / Archiv A.C.S.

X33097-5 Schwarzweißroter Goldfisch
Red, Black & White Goldfish
San-hua ji
Sanshoku funa
photo: F. Teigler / Archiv A.C.S.

X33022-3 Schwarzweißroter Goldfisch
Red, Black & White Goldfish
San-hua ji
Sanshoku funa
photo: F. Teigler / Archiv A.C.S.

X33022-3 Schwarzweißroter Goldfisch
Red, Black & White Goldfish
San-hua ji
Sanshoku funa
photo: F. Teigler / Archiv A.C.S.

X33022-5 Schwarzweißroter Goldfisch
Red, Black & White Goldfish
San-hua ji
Sanshoku funa
photo: F. Teigler / Archiv A.C.S.

X33022-5 Schwarzweißroter Goldfisch
Red, Black & White Goldfish
San-hua ji
Sanshoku funa
photo: F. Teigler / Archiv A.C.S.

X33023-4 Schwarzweißroter matter Goldfisch
Red, Black & White Goldfish, matt
San-hua tuo-ming ji
Sanshoku tômei funa
photo: F. Teigler / Archiv A.C.S.

X33024-4 Schwarzweißroter gesprenkelter (o. perlmutt) Goldfisch
Red, Black & White Goldfish, nacreous
San-hua ban tuo-ming ji
Sanshoku han tômei funa
photo: F. Teigler / Archiv A.C.S.

X33025-4 (London) Shubunkin mit kräftiger Rotfärbung
(London) Shubunkin with dominant red colour
Wu-hua ji
Shubunkin
photo: F. Teigler / Archiv A.C.S.

X33025-4 (London) Shubunkin mit kräftiger Rotfärbung
(London) Shubunkin with dominant red colour
Wu-hua ji
Shubunkin
photo: F. Teigler / Archiv A.C.S.

X33026-4 Fünffarbiger Goldfisch (Shubunkin) m. kräftiger Rotfärbung
Shubunkin with dominant red colour
Wu-hua ji
Shubunkin
photo: F. Teigler / Archiv A.C.S.

X33027-4 Fünffarbiger Goldfisch oder Shubunkin
Shubunkin
Wu-hua ji
Shubunkin
photo: F. Teigler / Archiv A.C.S.

X33028-3 Matter Fünffarbiger Goldfisch oder London Shubunkin
Shubunkin, matt
Wu-hua ji
Shubunkin
photo: F. Teigler / Archiv A.C.S.

X33029-4 London Shubunkin
London Shubunkin
Wu-hua ji
Shubunkin
photo: B. Teichfischer

X33030-4 Fünffarbiger Goldfisch oder London Shubunkin
London Shubunkin (Variegated Carp)
Wu-hua ji
Shubunkin
photo: Man Shek-hai

X33031-3 Matter Fünffarbiger Goldfisch oder London Shubunkin
Calico Goldfish or London Shubunkin, matt
Tuo-ming wu-hua ji
Tômei shubunkin
photo: Archiv A.C.S.

X33027-2 Fünffarbiger Goldfisch oder Shubunkin (Jungtier)
Shubunkin (juvenil)
Wu-hua ji
Shubunkin
photo: F. Teigler / Archiv A.C.S.

X33027-2 Fünffarbiger Goldfisch oder Shubunkin (Jungtier)
Shubunkin (juvenil)
Wu-hua ji
Shubunkin
photo: F. Teigler / Archiv A.C.S.

X33085-2 Rotweißer Komet
Red & White Comet
Hua yan-wei / Hong bai yan-wei
Sarasa kometo

photo: F. Teigler / Archiv A.C.S.

X33033-3 Schwarzgoldener Komet
Blackgolden Comet
Hei-jin yan wei
Kometo

photo: Man Shek-hai

X33034-3 Weißer Komet (Schwalbenschwanz)
White Comet (Swallowtail)
Bai yan wei
Kometo

photo: Man Shek-hai

X33085-2 Rotweißer Komet
Red & White Comet
Hua yan-wei ji / Hong bai yan-wei ji
Sarasa kometo

photo: F. Teigler / Archiv A.C.S.

X33085-2 Rotweißer Komet
Red & White Comet
Hua yan-wei ji / Hong bai yan-wei ji
Sarasa kometo

photo: F. Teigler / Archiv A.C.S.

X33085-2 Rotweißer Komet
Red & White Comet
Hua yan-wei ji / Hong bai yan-wei ji
Sarasa kometo
photo: F. Teigler / Archiv A.C.S.

X33085-4 Rotweißer Komet
Red & White Comet
Hua yan-wei ji / Hong bai yan-wei ji
Sarasa kometo
photo: B. Kahl

X33085-2 Rotweißer Komet
Red & White Comet
Hua yan-wei ji / Hong bai yan-wei ji
Sarasa kometo
photo: F. Teigler / Archiv A.C.S.

X33085-2 Rotweißer Komet
Red & White Comet
Hua yan-wei ji / Hong bai yan-wei ji
Sarasa kometo
photo: F. Teigler / Archiv A.C.S.

X33085-2 Rotweißer Komet
Red & White Comet
Hua yan-wei / Hong bai yan-wei
Sarasa kometo
photo: F. Teigler / Archiv A.C.S.

X33037-4 Tancho Komet (Rotstirn-Schwalbenschwanz)
Tancho Comet (Red Cap White Swallowtail)
Zhu-ding bai yan-wei
Tancho kometo
photo: Man Shek-hai

X33038-2 Rotschwarzer Komet
Red and Black Comet
Hong-hei yan-wei
Akasumi kometo
photo: Archiv A.C.S.

X33038-4 Rotschwarzer Komet
Red and Black Comet
Hong-hei yan-wei
Akasumi kometo
photo:: B. Teichfischer

X33039-3 Fünffarbiger Schwalbenschwanz o. Amerikanischer Shubunkin / Calico Comet or American Shubunkin
Wu-hua yan-wei
Cometo shubunkin
photo: B. Kahl

X33040-4 Fünffarbiger Matter Schwalbenschwanz o. Shubunkin
Calico Comet or Shubunkin, matt
Wu-hua tuo-ming yan-wei
Cometo shubunkin
photo: Archiv A.C.S.

X33039-3 Fünffarbiger Schwalbenschwanz o. Amerikanischer Shubunkin / Calico Comet or American Shubunkin
Wu-hua yan-wei
Kometo shubunkin
photo: F. Teigler / Archiv A.C.S.

X33041-3 Fünffarbiger (Kaliko) Perlmutt Schwalbenschwanz
Calico (Variegated) Comet, nacreous
Wu hua ban tuo-ming yan wei
Han tômei kometo shubunkin
photo: Archiv A.C.S.

X33039-3 Fünffarbiger Schwalbenschwanz o. Amerikanischer Shubunkin / Calico Comet or American Shubunkin
Wu-hua yan-wei
Kometo shubunkin
photo: F. Teigler / Archiv A.C.S.

X33039-3 Fünffarbiger Schwalbenschwanz o. Amerikanischer Shubunkin / Calico Comet or American Shubunkin
Wu-hua yan-wei
Kometo shubunkin
photo: F. Teigler / Archiv A.C.S.

X33043-4 Rotweißer Schwalbenschwanz (mit breiter Schwanzflosse)
Red and White Comet (with wide caudal fin)
Hong-bai yan-wei
Sarasa kometo
photo: B. Teichfischer

X33043-5 Rotweißer Schwalbenschwanz (mit breiter Schwanzflosse)
Red and White Comet (with wide caudal fin)
Hong-bai yan-wei
Sarasa kometo
photo: Man Shek-hai

X33096-4 Fünffarbiger Schwalbenschwanz o. Bristol Shubunkin
Calico Comet or Bristol Shubunkin
Wu-hua yan-wei
Kometo shubunkin
photo: B. Teichfischer

X33096-5 Fünffarbiger Schwalbenschwanz o. Bristol Shubunkin
Calico Comet or Bristol Shubunkin
Wu-hua yan-wei
Kometo shubunkin
photo:: B. Teichfischer

X33096-5 Fünffarbiger Schwalbenschwanz o. Bristol Shubunkin
Calico Comet or Bristol Shubunkin
Wu-hua yan-wei
Kometo shubunkin
photo: Man Shek-hai

X33385-3 Rotes Drachenauge
Red Dragoneye Goldfish
Hong long-jing ji
Akademe funa
photo: F. Teigler / Archiv A.C.S.

X30506-3 Schwarzes Drachenauge
Black Dragoneye Goldfish
Hei long-jing ji
Kurodeme funa
photo: Man Shek-hai

X30507-3 Rotschwarzes Drachenauge
Red & Black Dragoneye Goldfish
Hong-hei long-jing ji
Akasumi deme funa
photo: F. Teigler / Archiv A.C.S.

X30507-4 Rotschwarzes Drachenauge
Red & Black Dragoneye
Hong-hei long-jian ji (Tie bao jin)
Akasumi deme funa
photo: Man Shek-hai

X30509-3 Fünffarbiges (Kaliko) Drachenauge
Calico (or Variegated) Dragoneye Goldfish
Wu-hua long-jing ji
Kyariko deme funa
photo: F. Teigler / Archiv A.C.S.

X33056-3 Sabao-Goldfisch
Sabao Goldfish

Sabao / Yamagata

photo: E. Schraml / Archiv A.C.S.

X33056-3 Sabao-Goldfisch
Sabao Goldfish

Sabao / Yamagata

photo: E. Schraml / Archiv A.C.S.

X33056-3 Sabao-Goldfisch
Sabao Goldfish

Sabao / Yamagata

photo: E. Schraml / Archiv A.C.S.

X33056-3 Sabao-Goldfisch
Sabao Goldfish

Sabao / Yamagata

photo: E. Schraml / Archiv A.C.S.

Illustration aus d´Auberville, 1740
Illustration from d´Auberville, 1740

photo: E. Schraml

Illustration aus d´Auberville, 1740
Illustration from d´Auberville, 1740

photo: E. Schraml

Illustration aus d´Auberville, 1740
Illustration from d´Auberville, 1740

photo: E. Schraml

Illustration aus d´Auberville, 1740
Illustration from d´Auberville, 1740

photo: E. Schraml

Illustration aus d´Auberville, 1740
Illustration from d´Auberville, 1740

photo: E. Schraml

Illustration aus d´Auberville, 1740
Illustration from d´Auberville, 1740

photo: E. Schraml

Teichanlage in der Goldfischpagode, einem speziell für Goldfische angelegten Ausstellungsgelände in Hong Kong.
Pond in the goldfish pagoda, a park in Hong Kong especially created for goldfish.

photo: A. Lim

X30510-5 Rotweißer Wakin
Red and White Wakin
Hua he jin (cao jin yu)
Wakin
photo: A. Lim

X30511-2 Orangefarbiger Wakin
Orange Wakin
Cheng-huang cao jin yu
Orengi Wakin
photo: F. Teigler / Archiv A.C.S.

X30512-3 Gelber Wakin
Yellow Webtail or Wakin
Cheng-huang cao jin yu
Orenji wakin
photo: K. Bernhardt

X30513-4 Rotweißer Wakin
Red and White Wakin
Hua he jin (cao jin yu)
Wakin
photo: F. Teigler / Archiv A.C.S.

X30513-2 Rotweißer Wakin
Red & White Wakin
Hua he jin (cao jin yu)
Wakin
photo: F. Teigler / Archiv A.C.S.

X30514-2 Matter Rotweißer Wakin (Triangel)
Red & White Wakin, matt
Hua tuo-ming he jin (cao jin yu)
Tômei wakin
photo: F. Teigler / Archiv A.C.S.

X30515-4 Weißer Wakin
White Wakin
Bai he jin (cao jin yu)
Shiroi wakin
photo: F. Teigler / Archiv A.C.S.

X30516-4 Weißer Pelmutt-Wakin
White Nacreous Wakin
Bai tuo-ming he jin
Shiroi tômei wakin
photo: Man Shek-hai

X30513-5 Rotweißer Wakin
Red & White Wakin
Hua he jin (cao jin yu)
Wakin
photo: Man Shek-hai

X30513-4 Rotweißer Wakin
Red & White Wakin
Hua he jin (cao jin yu)
Wakin
photo: F. Teigler / Archiv A.C.S.

X30513-4 Rotweißer Wakin
Red & White Wakin
Hua he jin (cao jin yu)
Wakin
photo: F. Teigler / Archiv A.C.S.

X30513-4 Rotweißer Wakin
Red & White Wakin
Hua he jin (cao jin yu)
Wakin
photo: F. Teigler / Archiv A.C.S.

X30517-5 oben: Weißer Wakin mit roten Flossen
top: White Wakin with red fins
Hong-qi bai he jin (cao jin yu)
Shiroi wakin

X30518-5 unten: Rotweißer Wakin mit Jadesigel
bottom: Red & White Wakin with jade seal
Yu-yin-ding hong he jin (cao jin yu)
Akai kômado wakin
photo: Man Shek-hai

X30519-5 Schwarzer Wakin
Black Wakin
Hei he jin (Hei cao jin yu)
Sumi wakin

photo: Man Shek-hai

X30517-4 Weißer Wakin mit roten Flossen
White Wakin with red fins
Hong-qi bai he jin (cao jin yu)
Rokurin wakin

photo: Man Shek-hai

X30513-4 Rotweißer Wakin
Red and White Wakin
Hua he jin (cao jin yu)
Wakin

photo: Y. Kobayashi

X30521-4 Fünffarbiger (Kaliko) Wakin
Calico (Variegated) Wakin
Wu-hua he jin (cao jin yu)
Kyariko wakin

photo: Y. Kobayashi

X30521-4 Fünffarbiger (Kaliko) Wakin
Calico (Variegated) Wakin
Wu-hua he jin (cao jin yu)
Kyariko wakin

photo: Y. Kobayashi

X30521-3 Fünffarbiger (Kaliko) Wakin
Calico (Variegated) Wakin
Wu-hua he jin (cao jin yu)
Kyariko wakin
photo: F. Teigler / Archiv A.C.S.

X30522-2 Weißer Wakin mit Drachenaugen
White Wakin with Dragoneyes
Bai long-jing he jin (cao jin yu)
Shiroi deme wakin
photo: F. Teigler / Archiv A.C.S.

X33425-5 Pfauenschwanz oder Jikin
Peacock-tail or Jikin
Kong que wei (Di jin)
Jikin
photo: Man Shek-hai

X33425-5 Pfauenschwanz oder Jikin
Peacock-tail or Jikin
Kong que wei (Di jin)
Jikin
photo: B. Teichfischer

X33425-4 Pfauenschwanz oder Jikin
Peacock-tail or Jikin
Kong que wei (Di jin)
Jikin
photo: Mainland Tropical Fish Farm

X33425-4 Pfauenschwanz oder Jikin
Peacock-tail or Jikin
Kong que wei (Di jin)
Jikin
photo: Y. Kobayashi

X33425-4 Pfauenschwanz oder Jikin
Peacock-tail or Jikin
Kong que wei (Di jin)
Jikin
photo: Y. Kobayashi

X30524-5 Kaliko oder Fünffarbiger Pfauenschwanz (Jikin)
Variegated or Calico Peacock-tail (Jikin)
Wu Hua kong que wei (Di jin)
Edojikin
photo: Man Shek-hai

X30525-3 Roter Fransenschwanz (mit unerwünscht langem Körper)
Red Fringtail (with undesired long body)
Hong wen yu
Ônaga
photo: Man Shek-hai

X30526-3 Weißer Fransenschwanz (mit unerwünscht langem Körper)
White Fringtail (with undesired long body)
Bai wen yu
Ônaga
photo: F. Teigler / Archiv A.C.S.

Verschiedene Fransenschwänze im Tiergarten von Hang-zhou
Various Fringtails in the zoological garden of Hang-zhou

photo: K. Bernhardt

X30527-5 Oranger Schleierschwanz
Orange Veiltail
Cheng-huang wen-yu
Orenji bungyo

photo: B. Teichfischer

X30528-4 Roter Fransenschwanz
Red Fringtail
Hong wen-yu
Akai bungyo

photo: F. Teigler / Archiv A.C.S.

Verschiedene Fransenschwänze
Various Fringtails

photo: Archiv A.C.S.

X30529-4 Roter Schleierschwanz mit weißen Lippen u. Schwanzflossen (langflossig)
Red Veiltail with white lips and caudal (long fins)
Hong wen-yu (zhang qi)
Akai bungyo (nagai hire)
photo: K. Bernhardt

X30528-5 Roter Fransenschwanz
Red Fringtail
Hong wen-yu
Akai bungyo
photo: B. Teichfischer

X30530-5 Roter Schleierschwanz mit weißen Flossenrändern
Red Veiltail with white borders of the fins
Hong wen-yu
Akai bungyo
photo: B. Teichfischer

X30528-3 Roter und Eisenfarbiger Fransenschwanz
X30531-3 Red and Ironcoloured Fringtail
Hong wen-yu & Tie wen-yu
Akai bungyo & Tetsugyo
photo: B. Teichfischer

X30532-3 Roter Fransenschwanz mit schwarzen Flossen
Red Fringtail with black fins
Hei qi hong wen-yu
Akai bungyo
photo: B. Teichfischer

X33668-3 Blauer Fächerschwanz
Blue Fantail
Lan wen-yu
Raniro bungyo
photo: E. Schraml / Archiv A.C.S.

X33668-5 Blauer Fächerschwanz
Blue Fantail
Lan wen-yu
Raniro bungyo
photo: Man Shek-Hai

X30534-5 Blasspurpurner oder Bronzefarbiger Schleierschwanz
Pale Purple or Bronze Veiltail
Dan-zi wen-yu / Gu-tong wen-yu
Seidôiro bungyo

photo: Man Shek-Hai

X33668-5 Blauer Fransenschwanz
Blue Fringtail
Lan wen-yu
Raniro bungyo

photo: R. Herbst

X33668-5 Blauer Fransenschwanz
Blue Fringtail
Lan wen-yu
Raniro bungyo

photo: R. Herbst

X30536-4 Brauner Fächerschwanz
Brown Fantail
Zi wen-yu (shan wei)
Chairo bungyo

photo: B. Teichfischer

X30536-3 Brauner Fransenschwanz
Brown Fringtail
Zi wen-yu
Chairo bungyo

photo: F. Teigler / Archiv A.C.S.

X33667-4 Bronzefarbener & Blauer Fächerschwanz
X33668-5 Bronzecoloured & Blue Fantail
Gu-tong wen-yu & Lan wen-yu
Seidôiro bungyo & Raniro bungyo
photo: R. Herbst

X30537-4 Brauner Fächerschwanz mit weißen Flossenspitzen
Brown Fantail with white fin tips
Gu-tong wen-yu
Seidôiro bungyo
photo: R. Herbst

X30538-3 Rotweißer Fransenschwanz
Red & White Fringtail
Hua (Hong-bai) wen-yu
Sarasa bungyo
photo: F. Teigler / Archiv A.C.S.

X30538-3 Rotweißer Fransenschwanz
Red and White Fringtail
Hua (Hong-bai) wen-yu
Sarasa bungyo
photo: F. Teigler / Archiv A.C.S.

X30538-3 Rotweißer Fransenschwanz
Red & White Fringtail
Hua (Hong-bai) wen-yu
Sarasa bungyo
photo: F. Teigler / Archiv A.C.S.

X30538-3 Rotweißer Fransenschwanz
Red & White Fringtail
Hua (Hong-bai) wen-yu
Sarasa bungyo
photo: F. Teigler / Archiv A.C.S.

X30539-4 Matter Rotweißer Fransenschwanz
Red & White Fringtail, matt
Hua (Hong-bai) tuo-ming wen-yu
Sarasa tômei bungyo
photo: F. Teigler / Archiv A.C.S.

X30538-3 Rotweißer Fransenschwanz
Red & White Fringtail
Hua (Hong-bai) wen-yu
Sarasa bungyo
photo: F. Teigler / Archiv A.C.S.

X30540-5 Rotscheitel Fransenschwanz
Red Crest Fringtail
Zhu-ding wen-yu
Tanchô bungyo
photo: B. Kahl

X30541-3 Rotschwarzer Fransenschwanz
Red and Black Fringtail
Hua wen-yu
Akasumi bungyo
photo: F. Teigler / Archiv A.C.S.

X33566-5 Rotschwarzer Schleierschwanz
Red and Black Veiltail
Hua (shan wei) wen-yu
Akasumi bungyo
photo: B. Teichfischer

X33566-5 Rotschwarzer Schleierschwanz
Red and Black Veiltail
Hua (shan wei) wen-yu
Akasumi bungyo
photo: B. Teichfischer

X30542-5 Panda, Elsternfarbiger od. Schwarzweißer Fransenschwanz
Panda, Magpie or Black & White Fringtail
Xi-que hua (hei-bai) wen-yü
Kuroshiro bungyo
photo: Man Shek-Hai

X33566-5 Rotschwarzer Schleierschwanz
Red and Black Veiltail
Hua (shan wei) wen-yu
Akasumi bungyo
photo: B. Teichfischer

X30541-4 Rotschwarzer Fransenschwanz
Red & Black Fringtail
Hua wen-yu
Akasumi bungyo
photo: B. Teichfischer

X30543-3 Bronze-weißer Fächerschwanz
Bronze-white Fantail
Zi-bai wen-yu
Seidôiro to shiroi bungyo
photo: F. Teigler / Archiv A.C.S.

X30543-2 Bronze-weißer Fächerschwanz
Bronze-white Fantail
Zi-bai wen-yu
Seidôiro to shiroi bungyo
photo: F. Teigler / Archiv A.C.S.

X30544-3 Bronze-blauer Fransenschwanz
Bronze-blue Fringtail
Zi-lan wen-yu
Seidôiro to aoi bungyo
photo: K. Bernhardt

X30544-5 Bronze-blauer Fransenschwanz
Bronze-blue Fringtail
Zi-lan wen-yu
Seidôiro to aoi bungyo
photo: A. Lim

X30545-4 Bronze-blau-weisser Schleierschwanz
Bronze-blue-white Veiltail
Zi-lan-bai wen-yu
Sanshoku bungyo
photo: Man Shek-Hai

X30546-5 Rot-weiss-schwarzer Fächerschwanz
Red-white-black Fantail
Hong-hei-bai (San-hua) wen-yu
Sanshoku bungyo
photo: Man Shek-Hai

Teich mit Fransenschwänzen
Pond with fringtails
photo: F. Schäfer

X30547-4 Rot-weiss-schwarzer oder Dreifarbiger Schleierschwanz
Red-white-black or Triplecoloured Veiltail
Hong-hei-bai (San-hua) wen-yu
Sanshoku bungyo
photo: B. Teichfischer

X33565-5 Rot-weiss-schwarzer oder Dreifarbiger Schleierschwanz
Red-white-black or Triplecoloured Veiltail
Hong-hei-bai (San-hua) wen-yu
Sanshoku bungyo
photo: B. Teichfischer

X33565-5 Rot-weiss-schwarzer oder Dreifarbiger Schleierschwanz
Red-white-black or Triplecoloured Veiltail
Hong-hei-bai (San-hua) wen-yu
Sanshoku bungyo
photo: B. Teichfischer

X30548-4 Fünffarbiger (Kaliko) Fransenschwanz
Calico (Variegated) Fringtail
Wu-hua wen-yü
Kaliko bungyo
photo: Man Shek-Hai

X30549-4 Dreifarbiger Fransenschwanz
Triplecoloured Fringtail
San-hua wen-yu
Sanshoku bungyo
photo: B. Teichfischer

X30549-4 Dreifarbiger Fransenschwanz
Triplecoloured Fringtail
San-hua wen-yu
Sanshoku bungyo
photo: B. Teichfischer

X30550-5 Dreifarbiger Perlmuttfransenschwanz
Triplecoloured Fringtail, nacreous
Ban tuo-ming san-hua wen-yu
Han tômei sanshoku bungyo
photo: Archiv A.C.S.

X30549-4 Dreifarbiger Fransenschwanz
Triplecoloured Fringtail
San-hua wen-yu
Sanshoku bungyo
photo: H. J. Mayland

X33414-5 Dreifarbiger Klemmschwanz
Triplecoloured Pinchtail
San-hua wen-yu
Sanshoku bungyo
photo: F. Teigler / Archiv A.C.S.

X30552-4 Fünffarbiger (Kaliko) Perlmutt-Fächerschwanz
Calico (Variegated) Nacreous Fantail
Wu-hua ban tuo-ming wen-yu
Han tômei kariko bungyo
photo: Archiv A.C.S.

X30548-3 Fünffarbiger (Kaliko) Fransenschwanz
Calico (Variegated) Fringtail
Wu-hua wen-yu
Kariko bungyo
photo: B Teichfischer

X30548-3 Fünffarbiger (Kaliko) Fransenschwanz
Calico (Variegated) Fringtail
Wu-hua wen-yu
Kariko bungyo
photo: F. Teigler / Archiv A.C.S.

X30554-5 Fünffarbiger (Kaliko) Schleierschwanz
Calico (Variegated) Veiltail
Wu-hua wen-yu
Kariko bungyo
photo: B. Teichfischer

X30555-5 Fünffarbiger (Kaliko) Fächerschwanz
Calico (Variegated) Fantail
Wu-hua wen-yu
Kariko bungyo
photo: B. Teichfischer

X30548-3 Fünffarbiger (Kaliko) Fransenschwanz
Calico (Variegated) Fringtail
Wu-hua wen-yu
Kariko bungyo
photo: F. Teigler / Archiv A.C.S.

X30548-4 Fünffarbiger (Kaliko) Fransenschwanz
Calico (Variegated) Fringtail
Wu-hua wen-yu
Kariko bungyo
photo: F. Teigler / Archiv A.C.S.

X30548-4 Fünffarbiger (Kaliko) Fransenschwanz
Calico (Variegated) Fringtail
Wu-hua wen-yu
Kariko bungyo
photo: B. Teichfischer

X30548-4 Fünffarbiger (Kaliko) Fransenschwanz
Calico (Variegated) Fringtail
Wu-hua wen-yu
Kariko bungyo
photo: F. Teigler / Archiv A.C.S.

X30548-4 Fünffarbiger (Kaliko) Fransenschwanz
Calico (Variegated) Fringtail
Wu-hua wen-yu
Kariko bungyo
photo: F. Teigler / Archiv A.C.S.

X30556-4 Matter Fünffarbiger (Kaliko) Fransenschwanz
Calico (Variegated) Fringtail, matt
Tuo-ming wu-hua wen-yu
Tômei kariko bungyo
photo: F. Teigler / Archiv A.C.S.

X30556-4 Matter Fünffarbiger (Kaliko) Fransenschwanz
Calico (Variegated) Fringtail, matt
Tuo-ming wu-hua wen-yu
Tômei kariko bungyo
photo: F. Teigler / Archiv A.C.S.

X30556-4 Matter Fünffarbiger (Kaliko) Fransenschwanz
Calico (Variegated) Fringtail, matt
Tuo-ming wu-hua wen-yu
Tômei kariko bungyo
photo: F. Teigler / Archiv A.C.S.

X30557-3 Matterweißer Kaliko Fransenschwanz
White Calico Fringtail, matt
Bai tuo-ming wu-hua wen-yu
Shiroi tômei kariko bungyo
photo: F. Teigler / Archiv A.C.S.

X30558-4 Mattweisser Kaliko Fächerschwanz
White Calico Fantail, matt
Bai tou-ming wen-yu
Shiroi tômei kariko bungyo
photo: Man Shek-hai

X30559-5 Roter Fransenschwanz oder Ryukin
Red Fringtail or Ryukin
Hong liu jin
Akai ryukin
photo: Man Shek-hai

Verschiedene Ryukin (Fransenschwänze)
Various Ryukin (Fringtails)
photo: B. Kahl

X33412-4 Roter Fransenschwanz (Ryukin) mit weißer Schwanzflosse
Red Fringtail with white caudal fin
Bai wei hong liu jin
Akai ryukin
photo: B. Teichfischer

X30561-4 Roter Perlmutt Fransenschwanz oder Ryukin
Red Nacreous Fringtail or Ryukin
Bo-li hong liu jin
Akai han tômei ryukin
photo: Man Shek-hai

X30562-3 Weißer Fransenschwanz oder Ryukin mit roten Flossen
White Fringtail or Ryukin with red fins
Hong qi bai liu jin
Rokurin ryukin
photo: B. Teichfischer

X30563-5 Schwarzer Fransenschwanz oder Ryukin
Black Fringtail or Ryukin
Hei liu jin
Kuroi ryukin
photo: Man Shek-hai

X30564-5 Bronzefarbiger Fransenschwanz oder Ryukin
Bronce Coloured Fringtail or Ryukin
Zi (Gu-tong) liu jin
Seidôiro ryukin
photo: R. Herbst

X33525-6 Rotweißer Fransenschwanz oder Ryukin
Red & White Fringtail or Ryukin
Hong bai liu jin
Sarasa ryukin
photo: Mainland Tropical Fish Farm

X30564-5 Bronzefarbiger Fransenschwanz oder Ryukin
Bronce Coloured Fringtail or Ryukin
Zi (Gu-tong) liu jin
Seidôiro ryukin
photo: A. Lim

X33525-5 Rotweißer Fransenschwanz oder Ryukin
Red & White Fringtail or Ryukin
Hong bai liu jin
Sarasa ryukin
photo: Man Shek-hai

X33525-4 Rotweißer Fransenschwanz oder Ryukin
Red & White Fringtail or Ryukin
Hong bai liu jin
Sarasa ryukin
photo: K. Bernhardt

X33525-6 Rotweißer Fransenschwanz oder Ryukin
Red & White Fringtail or Ryukin
Hong bai liu jin
Sarasa ryukin
photo: H. J. Mayland

X33525-5 Rotweißer Fransenschwanz oder Ryukin
Red & White Fringtail or Ryukin
Hong bai liu jin
Sarasa ryukin
photo: H. J. Mayland

X33525-5 Rotweißer Fransenschwanz oder Ryukin
Red & White Fringtail or Ryukin
Hong bai liu jin
Sarasa ryukin

photo: R. Herbst

Verschiedene Ryukin (Fransenschwänze)
Various Ryukin (Fringtails)

photo: B. Teichfischer

X33525-5 Rotweißer Fransenschwanz oder Ryukin
Red & White Fringtail or Ryukin
Hong bai liu jin
Sarasa ryukin

photo: B. Kahl

X30566-5 Rotschwarzer Fransenschwanz oder Ryukin
Red & Black Fringtail or Ryukin
Hong hei liu jin
Akasumi ryukin

photo: Man Shek-hai

X30567-5 Rotweißschwarzer Fransenschwanz oder Ryukin
Red, White & Black Fringtail or Ryukin
San-hua liu jin
Sanshoku ryukin

photo: B. Teichfischer

X30569-5 Fünffarbiger langflossiger Ryukin
Calico Fringtail or Ryukin with long fins
Wu-hua zhang qi liu jin
Onaga kyariko ryukin

photo: Man Shek-hai

X33526-5 Fünffarbiger (Kaliko) Fransenschwanz oder Ryukin
Variegated (Calico) Fringtail or Ryukin
Wu hua liu jin
Kyariko ryukin
photo: Man Shek-hai

X33526-6 Fünffarbiger (Kaliko) Fransenschwanz oder Ryukin
Variegated (Calico) Fringtail or Ryukin
Wu hua liu jin
Kyariko ryukin
photo: Man Shek-hai

X33526-4 Fünffarbiger (Kaliko) Fransenschwanz oder Ryukin
Calico (Variegated) Fringtail or Ryukin
Wu hua liu jin
Kyariko ryukin
photo: B. Kahl

X30569-5 Fünffarbiger Langflossiger Ryukin
Calico Fringtail or Ryukin with long fins
Wu-hua zhang qi liu jin
Onaga kyariko ryukin
photo: Mainland Tropical Fish Farm

X30571-4 Fünffarbiger (Kaliko) Ryukin mit Schmetterlingsschwanz
Calico Fringtail or Ryukin with butterfly tail
Wu-hua die-wei liu jin
(Chôchô obire) kyariko ryukin
photo: A. Lim

X30572-5 Matter Fünffarbiger (Kaliko) Fransenschwanz oder Ryukin
Variegated (Calico) Fringtail or Ryukin, matt
Tuo-ming wu hua liu jin
Tômei kariko ryukin
photo: Man Shek-hai

X30573-5 Roter Tosakin
Red Tosakin
Hong tu-zuo jin
Akai tosakin
photo: K. Yamawaki

X33555-5 Roter Tosakin mit weißem Schwanzflossensaum
Red Tosakin with white caudal fin border
Hong tu-zuo jin
Akai tosakin
photo: Man Shek-hai

X30573-5 Roter Tosakin
Red Tosakin
Hong tu-zuo jin
Akai tosakin
photo: Y. Kobayashi

X30575-5 Oranger Tosakin
Orange Tosakin
Cheng-huang tu-zuo jin
Orenjii tosakin
photo: K. Yamawaki

X33555-6 Roter Tosakin mit weißem Schwanzflossensaum
Red Tosakin with white caudal fin border
Hong tu-zuo jin
Akai tosakin
photo: K. Yamawaki

X33555-6 Roter Tosakin mit weißem Schwanzflossensaum
Red Tosakin with white caudal fin border
Hong tu-zuo jin
Akai tosakin
photo: K. Yamawaki

X33555-6 Roter Tosakin mit weißem Schwanzflossensaum
Red Tosakin with white caudal fin border
Hong tu-zuo jin
Akai tosakin
photo: K. Yamawaki

X30578-5 Rotweißer Tosakin
Red & White Tosakin
Hua tu-zuo jin
Sarasa tosakin
photo: K. Yamawaki

X33558-5 Brauner Tosakin
Brown Tosakin
Zi tu-zuo jin
Seidôiro tosakin
photo: K. Yamawaki

X33556-5 Schwarzgelber Tosakin
Black & yellow Tosakin
Tu-zuo jin wen-yu
Tosakin
photo: K. Yamawaki

X30577-5 Oranger Tosakin mit braunen Flossenspitzen
Orange Tosakin with brown tips of the fins
Cheng-huang tu-zuo jin
Orenji tosakin
photo: K. Yamawaki

X30578-5 Rotweißer Tosakin
Red & White Tosakin
Hua tu-zuo jin
Sarasa tosakin
photo: Y. Kobayashi

X30578-6 Rotweißer Tosakin
Red & White Tosakin
Hua tu-zuo jin
Sarasa tosakin
photo: K. Yamawaki

X33557-5 Rotschwarzer Tosakin
Red & Black Tosakin
Hong-hei tu-zuo jin
Akasumi tosakin
photo: K. Yamawaki

X30580-4 Roter Pompon-Fächerschwanz (mit doppelten Pompon)
Red Pompon Fantail (with doubbled Pompon)
Hong shuang rong-qiu wen-yu
Akai nijû no hanafusa bungyo
photo: B. Teichfischer

X30581-5 Violetter Pompon-Fächerschwanz
Violet Pompon Fantail
Zi rong-qiu wen-yü
Murasaki no hanafusa bungyo
photo: Man Shek-hai

X30582-4 Bronzefarbiger Pompon-Fransenschwanz
Bronce Coloured Pompon Fringtail
Zi (Gu-tong) rong-qiu wen-yu
Seidôiro hanafusa bungyo
photo: B. Teichfischer

X33413-4 Bronzefarbiger Pompon-Fransenschwanz
Bronce Coloured Pompon Fringtail
Zi (Gu-tong) rong-qiu wen-yu
Seidôiro hanafusa bungyo
photo: B. Teichfischer

X30582-5 Bronzefarbiger Pompon-Fransenschwanz
Bronce Coloured Pompon Fringtail
Zi (Gu-tong) rong-qiu wen-yu
Seidôiro hanafusa bungyo
photo: H. J. Mayland

X30583-5 Bronzefarbiger Doppel-Pompon Fransenschwanz
Bronce Coloured Double-Pompon Fringtail
Zi (Gu-tong) shuang rong-qiu wen-yu
Seidôiro nijû no hanafusa bungyo
photo: R. Herbst

X30584-5 Rotweißer Pompon-Fransenschwanz
Red and White Pompon Fringtail
Hong-bai rong-qiu wen-yu
Sarasa hanafusa bungyo
photo: Man Shek-hai

X30585-5 Rotschwarzer Pompon-Fransenschwanz
Red and Black Pompon Fringtail
Hong-hei rong-qiu wen-yu
Akasumi hanafusa bungyo
photo: Y. Kobayashi

X30586-4 Rotschwarzer Pompon-Fächerschwanz
Red & Black Pompon Fantail
Hong-hei rong-qiu wen-yu
Akasumi hanafusa bungyo
photo: B. Teichfischer

X33415-5 Brauner Pompon-Fächerschwanz mit rotem Kopf
Brown Pompon Fantail with red head
Zi rong-qiu wen-yu
Seidôiro hanafusa bungyo
photo: B. Teichfischer

X30588-5 Roter Pompon-Fächerschwanz mit Quellkiemen
Red Pompon Fantail with curled opercula
Hong rong-qiu fan-sai wen-yu
(Hirugaesu agito) Akai hanafusa bungyo
photo: B. Teichfischer

X30589-5 Rotweißer Pompon-Fächerschwanz mit Quellkiemen
Red & White Pompon Fantail with curled opercula
Hong bai rong-qiu fan-sai wen-yu
(Hirugaesu agito) Akashiro hanafusa bungyo
photo: B. Teichfischer

Hang-zhou am Westsee, die Wiege der chinesischen Goldfischzucht
Hang-zhou at the Westlake, the craddle of chinese goldfish breeding
photo: K. Bernhardt

X30590-3 Weißer Pompon-Fächerschwanz mit Quellkiemen
White Pompon Fantail with curled opercula
Bai rong-qiu fan-sai wen-yu
(Hirugaesu agito) Shiroi hanafusa bungyo
photo: B. Teichfischer

X30592-4 Roter Perlschupper (m. kurzer Beflossung/Klemmschwanz)
Red Pearlscale (with short finage / pinchtail)
Hong (duan qi) zhen-zhu lin
(Michikai hire) Akai pêrusukêru
photo: B. Teichfischer

X30535-5 Roter Perlschupper
Red Pearlscale
Hong zhen-zhu lin
Akai pêrusukêru
photo: A. Lim

X30593-5 Roter Perlschupper (mit schwacher Kupfwucherung)
Red Pearlscale (with slight head growth)
Hong zhen-zhu lin
Akai pêrusukêru

photo: Man Shek-hai

X33580-6 Kurzflossiger Schwarzer Perlschupper (m. Klemmschwanz)
Short Fined Black Pearlscale (with pinchtail)
Hei (duan qi) zhen-zhu lin
(Michikai hire) Kuroi pêrusukêru

photo: B. Teichfischer

X30596-4 Blauer Perlschupper (mit kurzer Beflossung)
Blue Pearlscale (with short finage)
Lan zhen-zhu lin (duan qi)
Raniro pêrusukêru (michikai hire)

photo: Man Shek-hai

X30594-3 Langflossiger Schwarzer Perlschupper (m. Phönixschwanz)
Long Fined Black Pearlscale (with phenix caudal fin)
Hei (feng-wei) zhen-zhu / Hei (zhang-wei) zhen-zhu
(Nagai hire) Kuroi pêrusukêru

photo: Tu Xu Sundries/Archiv A.C.S.

X30597-5 Bronzefarbiger Perlschupper (mit langer Beflossung)
Bronze Pearlscale (with long finage)
Zi zhen-zhu lin (zhang qi)
Seidôiro pêrusukêru (nagai hire)

photo: Man Shek-hai

X30598-4 Bronzefarbiger Perlschupper (mit kurzer Beflossung)
Bronze Pearlscale (with short finage)
Zi zhen-zhu lin (duan qi)
Seidôiro pêrusukêru (michikai hire) photo: Man Shek-hai

X33581-5 Brauner Perlschupper
Brown Pearlscale
Zi zhen-zhu lin
Seidôiro pêrusukêru photo: B. Teichfischer

X30600-4 Eisenfarbiger Perlschupper
Ironcoloured Pearlscale
Cao-qing zhen-zhu lin
Tetsuiro pêrusukêru photo: Man Shek-hai

X30601-4 Schwarzgoldener Perlschupper
Black and Gold Pearlscale
Hei-jin zhen-zhu-lin
Hisumi pêrusukêru photo: Man Shek-hai

X30602-3 Rotweißer Perlschupper
Red & White Pearlscale
Hong bai zhen-zhu lin
Sarasa pêrusukêru photo: B. Teichfischer

X30603-5 Rotscheitel Perlschupper
Red Cap White Pearlscale
Zhu-ding bai zhen-zhu lin
Tanchô pêrusukêru photo: Man Shek-hai

X30604-5 Rotweißer oder Gemusterter Perlschupper
Red & White or Patterned Pearlscale
Hong-bai zhen-zhu lin / Hua zhen-zhu lin
Sarasa pêrusukêru photo: Man Shek-hai

X30605-4 Rotschwarzer und Schwarzer Perlschupper
X30606-4 Read & Black and Black Pearlscale
Hong hei zhen-zhu lin, Hei zhen-zhu lin
Akasumi & Kuroi pêrusukêru
photo: B. Teichfischer

X30607-5 Fünffarbiger (Kaliko) Perlschupper
Caliko (variegated) Pearlscale
Wu-hua (cai-se) zhen-zhu lin
Kyariko pêrusukêru
photo: B. Teichfischer

X30607-4 Fünffarbiger (Kaliko) Perlschupper
Caliko (variegated) Pearlscale
Wu-hua (cai-se) zhen-zhu lin
Kyariko pêrusukêru
photo: F. Schäfer

X30607-4 Fünffarbiger (Kaliko) Perlschupper
Caliko (variegated)Pearlscale
Wu-hua (cai-se) zhen-zhu lin
Kyariko pêrusukêru
photo: B. Kahl

X30607-3 Fünffarbiger (Kaliko) Perlschupper
Caliko (variegated) Pearlscale
Wu-hua (cai-se) zhen-zhu lin
Kyariko pêrusukêru
photo: B. Teichfischer

X30607-4 Fünffarbiger (Kaliko) Perlschupper
Caliko (variegated)Pearlscale
Wu-hua (cai-se) zhen-zhu lin
Kyariko pêrusukêru
photo: B. Kahl

X30607-6 Fünffarbiger (Kaliko) Perlschupper
Caliko (variegated)Pearlscale
Wu-hua (cai-se) zhen-zhu lin
Kyariko pêrusukêru
photo: Man Shek-hai

X33579-3 Rotweißer, Dreifarbiger und Fünffarbiger Perlschupper (Codenummer: Mix)
Red and White, Triplecoloured and Caliko Pearlscale (codenumber: mix)
Hua, San-hua, Wu-hua zhen-zhu lin
Sarasa, Sanshoku, Kyariko pêrusukêru
photo: B. Teichfischer

X30609-6 Oranger Hochkopf-Perlschupper
Orange Highhead Pearlscale
Cheng-huang gao-tou zhen-zhu-lin
Hamanishiki
photo: Man Shek-hai

X30610-4 Roter Kronen-Perlschupper
Red Crowned Pearlscale
Hong gao-tou zhen-zhu-lin
Hamanishiki
photo: Man Shek-hai

X30607-4 Fünffarbiger (Kaliko) Perlschupper
Caliko (variegated)Pearlscale
Wu-hua (cai-se) zhen-zhu lin
Kyariko pêrusukêru
photo: H. J. Mayland

X30611-4 Roter Hochkopf-Perlschupper
Red Highhead Pearlscale
Hong gao-tou zhen-zhu-lin
Akai pêrusukêru

photo: Man Shek-hai

X30612-6 Roterweißer Kronen-Perlschupper
Red & White Crowned Pearlscale
Hong-bai gao-tou zhen-zhu-lin
Sarasa hamanishiki

photo: Man Shek-hai

X30613-3 Dreifarbiger Hochkopf-Perlschupper
Tripple Coloured Highhead Pearlscale
San-hua gao-tou zhen-zhu-lin
Sanshoku pêrusukêru

photo: Man Shek-hai

X30613-4 Dreifarbiger Hochkopf-Perlschupper
Tripple Coloured Highhead Pearlscale
San-hua gao-tou zhen-zhu-lin
Sanshoku hamanishiki

photo: H. J. Mayland

X30613-4 Dreifarbiger Hochkopf-Perlschupper
Tripple Coloured Highhead Pearlscale
San-hua gao-tou zhen-zhu-lin
Sanshoku hamanishiki

photo: Man Shek-hai

X30614-4 Langflossiges Blaues Drachenauge m. Schmetterlingsschwanz
Longfinned Blue Dragoneye
Lan chang-qi die-wei long-jing
(Nagai hire) Aoi (chôchô obire) demekin

photo: Man Shek-hai

X30615-3 Rotes Drachenauge
Red Dragoneye
Hong long-jing
Akademe

photo: K. Bernhardt

X30616-2 Oranges Drachenauge
Orange Dragoneye
Cheng-huang long-jing
Orenji demekin

photo: F. Teigler / Archiv A.C.S.

X30617-4 Rotes Drachenauge mit langen Flossen
Red Dragoneye with long fins
Hong (zhang-qi) long-jing
(Nagai hire) Akademe

photo: Man Shek-hai

X30617-4 Rotes Drachenauge mit langen Flossen
Red Dragoneye with long fins
Hong (zhang-qi) long-jing
(Nagai hire) Akademe

photo: Man Shek-hai

Fransenschwanz und Drachenauge
Fringtail and Dragoneye
Wen-yü & Hong long-jing
Bungyo & Akademe
photo: B. Kahl

X30620-3 Albinotisches Drachenauge
Albinoid Dragoneye
Hong yan yin long-jing
Akame demekin
photo: F. Schäfer

X33384-5 Schwarzes Drachenauge, Schwarzer Teleskop
Black Dragoneye, Black Moor
Hei long-jing
Kurodeme
photo: Man Shek-hai

X30618-5 Mattes Oranges Drachenauge m. Schmetterlingsschwanz
Orange Dragoneye, matt with butterfly tail
Cheng-huang tuo-ming die-wei long-jing
Orenji (chôchô obire) demekin
photo: Man Shek-hai

X33527-6 Rotes Drachenauge mit weißem Flossensaum
Red Dragoneye with white fin ends
Hong long-jing
Akademe
photo: B. Kahl

X30621-5 Rotes Drachenauge mit schwarzem Flossensaum
Red Dragoneye with black fin borders
Hong long-jing
Akademe
photo: Man Shek-hai

X33384-4 Schwarzes Drachenauge, Schwarzer Teleskop
Black Dragoneye, Black Moor
Hei long-jing
Kurodeme
photo: B. Teichfischer

X33384-5 Schwarzes Drachenauge, Schwarzer Teleskop
Black Dragoneye, Black Moor
Hei long-jing
Kurodeme
photo: B. Kahl

X30624-6 Langflossiges Schwarzes Drachenauge
Longfinned Black Dragoneye
Hei (zhang-qi) long-jing
(Nagai hire) Kurodeme
photo: Man Shek-hai

X33384-3 Schwarzes Drachenauge, Schwarzer Teleskop
Black Dragoneye, Black Moor
Hei long-jing
Kurodeme
photo: Tu Xu Sundries / Archiv A.C.S.

X33384-5 Schwarzes Drachenauge, Schwarzer Teleskop
Black Dragoneye, Black Moor
Hei long-jing
Kurodeme
photo: R. Herbst

X33384-4 Schwarzes Drachenauge, Schwarzer Teleskop
Black Dragoneye, Black Moor
Hei long-jing
Kurodeme
photo: F. Teigler / Archiv A.C.S.

X30624-5 Langflossiges Schwarzes Drachenauge m. Schmetterlings-schwanz / Longfinned Black Dragoneye with butterflytail
Hei (zhang-qi) die-wei long-jing
(Nagai hire / Chôchô obire) Kurodeme
photo: Man Shek-hai

X30625-5 Blaues Drachenauge
Blue Dragoneye
Lan long-jing
Ranshoku demekin
photo: Man Shek-hai

X30624-5 Schwarzes Drachenauge mit Schmetterlingsschwanz
Black Dragoneye with butterflytail
Hei die-wei long-jing
Kurodeme
photo: Man Shek-hai

X30626-5 Blaues Drachenauge mit Schmetterlingsschwanz
Blue Dragoneye with butterflytail
Lan die-wei long-jing
Raniro (chôchô obire) demekin
photo: Man Shek-hai

X33384-5 Schwarzes Drachenauge, Schwarzer Teleskop
Black Dragoneye, Black Moor
Hei long-jing
Kurodeme
photo: F. Teigler / Archiv A.C.S.

X30628-4 Bronzefarbiges Drachenauge
Bronze Dragoneye
Zi long-jing
Seidôiro demekin
photo: Archiv A.C.S.

X30628-3 Bronzefarbiges Drachenauge
Bronze Dragoneye
Zi long-jing
Seidôiro demekin
photo: Tu Xu Sundries / Archiv A.C.S.

X30628-4 Bronzefarbiges Drachenauge (mit nicht sehr prominenten Augen)
Bronze Dragoneye (eyes not very prominent)
Zi long-jing
Seidôiro demekin
photo: Man Shek-hai

X30629-3 Weißes Drachenauge
White Dragoneye
Bai long-jing
Shiroi demekin
photo: Man Shek-hai

X30630-4 Rotweißes Drachenauge
Red & White Dragoneye
Hong-bai long-jing
Sarasa demekin
photo: B. Teichfischer

X30630-5 Rotweißes Drachenauge
Red & White Dragoneye
Hong-bai long-jing
Sarasa demekin
photo: Man Shek-hai

X30631-4 Rotweißes Drachenauge mit Schmetterlingsschwanz
Red & White Dragoneye with butterflytail
Hong-bai die-wei long-jing
(Chôchô obire) Sarasa demekin
photo: Y. Kobayashi

X30631-3 Rotweißes Drachenauge mit Schmetterlingsschwanz
Red & White Dragoneye with butterflytail
Hong-bai die-wei long-jing
(Chôchô obire) Sarasa demekin
photo: B. Teichfischer

X30630-4 Rotweißes Drachenauge
Red & White Dragoneye
Hong-bai long-jing
Sarasa demekin
photo: Man Shek-hai

X30632-5 Rotweißes Drachenauge mit netzartiger Rotfäbung
Red & White Dragoneye with reticulated red colouring
Hong-bai long-jing
Sarasa demekin
photo: Man Shek-hai

X30631-5 Rotweißes Drachenauge mit Schmetterlingsschwanz
Red & White Dragoneye with butterflytail
Hong-bai die-wei long-jing
Sarasa (chôchô obire) demekin
photo: Man Shek-hai

X30633-6 Mattes Rotweißes Drachenauge
Red & White Dragoneye, matt
Hong-bai tuo-ming long-jing
Sarasa tômei demekin
photo: Man Shek-hai

X30630-3 Rotweißes Drachenauge
Red & White Dragoneye
Hong-bai long-jing
Sarasa demekin
photo: F. Teigler / Archiv A.C.S.

X30631-5 Rotweißes Drachenauge mit Schmetterlingsschwanz
Red & White Dragoneye with butterfly tail
Hong-bai die-wei long-jing
Sarasa (chôchô obire) demekin
photo: Man Shek-hai

X30633-4 Mattes Rotweißes Drachenauge
Red & White Dragoneye, matt
Hong-bai tuo-ming long-jing
Sarasa tômei demekin
photo: F. Teigler / Archiv A.C.S.

X30631-4 Rotweißes Drachenauge mit Schmetterlingsschwanz
Red & White Dragoneye with butterflytail
Hong-bai die-wei long-jing
Sarasa (chôchô obire) demekin
photo: Man Shek-hai

X30631-4 Rotweißes Drachenauge mit Schmetterlingsschwanz
Red & White Dragoneye with butterflytail
Hong-bai die-wei long-jing
Sarasa (chôchô obire) demekin
photo: A. Lim

X33545-3 Weißes Drachenauge mit Rotscheitel
Red Crested White Dragoneye
Zhu-ding bai long-jing
Tanchô demekin
photo: Man Shek-hai

X33545-3 Weißes Drachenauge mit Rotscheitel
Red Crested White Dragoneye
Zhu-ding bai long-jing
Tanchô demekin
photo: B. Teichfischer

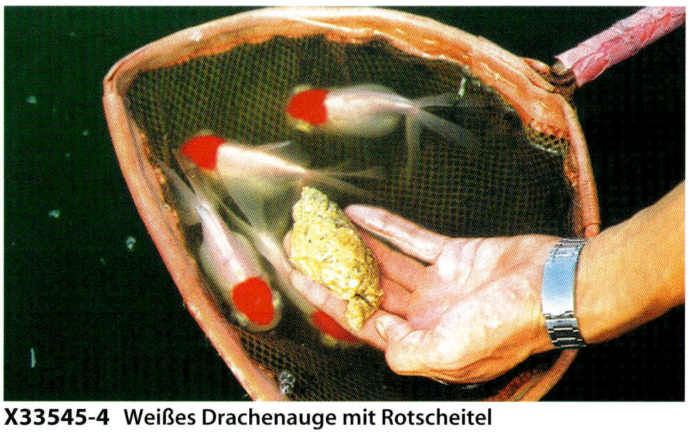

X33545-4 Weißes Drachenauge mit Rotscheitel
Red Crested White Dragoneye
Zhu-ding bai gao-tou long-jing
Tanchô deme oranda
photo: A. Lim

X30636-3 Goldschwarzes Drachenauge
Gold & Black Dragoneye
Huang-hei long-jing
Kisumi demekin
photo: B. Teichfischer

X33387-3 Rotschwarzes Drachenauge
Red & Black Dragoneye
Hong-hei long-jing
Akasumi demekin
photo: F. Teigler / Archiv A.C.S.

X33387-4 Rotschwarzes Drachenauge
Red & Black Dragoneye
Hong-hei long-jing
Akasumi demekin
photo: R. Herbst

X33387-5 Rotschwarzes Drachenauge
Red & Black Dragoneye
Hong-hei long-jing
Akasumi demekin
photo: Archiv A.C.S.

X33389-4 Rotschwarzes Drachenauge mit kurzen Flossen
Red & Black Dragoneye with short fins
Hong-hei (duan-qi) long-jing
(Michikai hire) Akasumi demekin
photo: A. Lim

X30638-3 Rotschwarzes Drachenauge mit langen Flossen
Red and Black Dragoneye with long fins
Hong-hei (zhang-qi) long-jing
(Nagai hire) Akasumi demekin
photo: K. Bernhardt

Rotschwarzes Drachenauge nach der Umfärbung, das obere Tier beginnt gerade mit der Umfärbung hinter den Kiemendeckeln.
Red and Black Dragoneye after decolouration, the fish on top just starts changing colours behind the opercula.
photo: K. Bernhardt

X30639-4 Rotschwarzes Drachenauge mit Schmetterlingschwanz
Red & Black Dragoneye with butterflytail
Hong-hei die-wei long-jing
Akasumi (chôchô obire) deme
photo: Man Shek-hai

X30640-3 Rotschwarzes Drachenauge
Red and Black Dragoneye
Hong-hei long-jing
Akasumi demekin
photo: F. Teigler / Archiv A.C.S.

X33387-3 Rotschwarzes Drachenauge
Red & Black Dragoneye
Hong-hei long-jing
Akasumi demekin
photo: F. Teigler / Archiv A.C.S.

X30641-3 Rotes Drachenauge mit schwarzen Flossen
Red Dragoneye with black fins
Hei qi hong long-jing
Kurohire akademekin
photo: B. Teichfischer

X33387-4 Rotschwarzes Drachenauge
Red & Black Dragoneye
Hong-hei long-jing
Akasumi demekin
photo: Man Shek-hai

X30642-4 Schwarzweißes Drachenauge
Black & White Dragoneye
Hei-bai long-jing, Xi-que-hua long-jing
Kuroshiro demekin
photo: F. Teigler / Archiv A.C.S.

X30642-4 Schwarzweißes Drachenauge
Black & White Dragoneye
Hei-bai long-jing, Xi-que-hua long-jing
Kuroshiro demekin
photo: B. Teichfischer

X30643-5 Schwarzweißes Drachenauge mit langen Flossen
Black & White Dragoneye with long fins
Hei-bai (zhang-qi) long-jing, Xi-que-hua (zhang-qi) long-jing
(Nagai hire) Kuroshiro demekin
photo: Man Shek-hai

X30642-3 Schwarzweißes Drachenauge
Black & White Dragoneye
Hei-bai long-jing, Xi-que-hua long-jing
Kuroshiro demekin / Panda demekin
photo: B. Teichfischer

X30644-5 Schwarzweißes Drachenauge mit kurzen Flossen
Black & White Dragoneye with short fins
Hei-bai (duan-qi) long-jing, Xi-que-hua (duan-qi) long-jing
(Michikai hire) Kuroshiro demekin **photo:** Man Shek-hai

X30645-4 Schwarzweißes Drachenauge m. Schmetterlingsschwanz
Black & White Dragoneye with butterflytail
Hei-bai die-wei long-jing, Xi-que-hua die-wei long-jing
(Chôchô obire) Kuroshiro demekin (Panda demekin) **photo:** Man Shek-hai

X30642-6 Schwarzweißes o. Elsternfarbiges o. Panda Drachenauge
Black & White or Magpie-Coloured or Panda Dragoneye
Hei-bai long-jing, Xi-que-hua long-jing, Xiong-mao long-jing
Kuroshiro demekin / Panda demekin **photo:** Man Shek-haii

X30642-4 Schwarzweißes o. Elsternfarbiges o. Panda Drachenauge
Black & White or Magpie-Coloured or Panda Dragoneye
Hei-bai long-jing, Xi-que-hua long-jing, Xiong-mao long-jing
Kuroshiro demekin / Panda demekin **photo:** H. J. Mayland

X30645-4 Schwarzweißes Drachenauge m. Schmetterlingsschwanz
Black & White Dragoneye with butterflytail
Hei-bai die-wei long-jing, Xi-que-hua die-wei long-jing
(Chôchô obire) Kuroshiro demekin (Panda demekin) **photo:** Man Shek-hai

X30642-5 Schwarzweißes o. Elsternfarbiges o. Panda Drachenauge
Black & White or Magpie-Coloured or Panda Dragoneye
Hei-bai long-jing, Xi-que-hua long-jing, Xiong-mao long-jing
Kuroshiro demekin / Panda demekin **photo:** Y. Kobayashi

X30642-5 Schwarzweißes o. Elsternfarbiges o. Panda Drachenauge
Black & White or Magpie-Coloured or Panda Dragoneye
Hei-bai long-jing, Xi-que-hua long-jing, Xiong-mao long-jing
Kuroshiro demekin / Panda demekin **photo:** Y. Kobayashi

X30645-3 Schwarzweißes Drachenauge m. Schmetterlingsschwanz
Black & White Dragoneye with butterflytail
Hei-bai die-wei long-jing, Xi-que-hua die-wei long-jing
(Chôchô obire) Kuroshiro demekin (Panda demekin) **photo:** Man Shek-hai

X30648-5 Blau-Bronzenes Drachenauge
Blue & Bronze Dragoneye
Zi-lan long-jing, Zi lan-hua long-jing
Raniro to seidôiro demekin **photo:** A. Lim

X30649-4 Dreifarbiges Drachenauge mit Schmetterlingsschwanz
Triplecoloured Dragoneye with butterflytail
San-hua die-wei long-jing
(Chôchô obire) Sanshoku demekin **photo:** A. Lim

X30645-3 Schwarzweißes Drachenauge m. Schmetterlingsschwanz
Black & White Dragoneye with butterflytail
Hei-bai die-wei long-jing, Xi-que-hua die-wei long-jing
(Chôchô obire) Kuroshiro demekin (Panda demekin) **photo:** Archiv A.C.S.

X33388-4 Elstern o. Panda Drachenauge mit Rotanteil
Magpie or Panda Dragoneye with some red
Hei-bai long-jing, Xi-que-hua long-jing
Kuroshiro demekin (Panda demekin) **photo:** B. Teichfischer

X30648-5 Blau-Bronzenes Drachenauge
Blue & Bronze Dragoneye
Zi-lan long-jing, Zi lan-hua long-jing
Raniro to seidôiro demekin **photo:** Man Shek-hai

X30650-4 Fünffarbiges (Kaliko) Drachenauge ohne rot und orange
Calico (Variegated) Dragoneye without red and orange
Wu-hua long-jing
Kaliko demekin **photo:** Man Shek-hai

X30650-5 Fünffarbiges (Kaliko) Drachenauge ohne rot und orange
Calico (Variegated) Dragoneye without red and orange
Wu-hua long-jing
Kaliko demekin
photo: Man Shek-hai

X30652-6 Rotschwarzweißes (Dreifarbiges) Drachenauge
Red, Black & White Dragoneye
Hong-hei-bai (san-hua) long-jing
Sanshoku demekin
photo: Man Shek-hai

X30652-3 Rotschwarzweißes (Dreifarbiges) Drachenauge
Red, Black & White Dragoneye
San-hua (hong-hei-bai) long-jing
Sanshoku demekin
photo: B. Teichfischer

X33386-4 Fünffarbiges (Kaliko) Drachenauge
Calico (Variegated) Dragoneye
Wu-hua long-jing
Kaliko demekin
photo: F. Teigler / Archiv A.C.S.

X30651-5 Fünffarbiges Drachenauge mit Schmetterlingsschwanz
Calico (Variegated) Dragoneye with butterflytail
Wu-hua die-wei long-jing
(Chôchô obire) Kaliko demekin
photo: Man Shek-hai

X33386-5 Fünffarbiges (Kaliko) Drachenauge
Calico (Variegated) Dragoneye
Wu-hua long-jing
Kaliko demekin
photo: B. Kahl

X33386-3 Fünffarbiges (Kaliko) Drachenauge
Calico (Variegated) Dragoneye
Wu-hua long-jing
Kaliko demekin
photo: F. Teigler / Archiv A.C.S.

X33386-5 **Fünffarbiges (Kaliko) Drachenauge**
Calico (Variegated) Dragoneye
Wu-hua long-jing
Kaliko demekin
photo: Man Shek-hai

X33386-3 **Fünffarbiges (Kaliko) Drachenauge**
Calico (Variegated) Dragoneye
Wu-hua long-jing
Kaliko demekin
photo: B. Teichfischer

X33386-3 **Fünffarbiges (Kaliko) Drachenauge**
Calico (Variegated) Dragoneye
Wu-hua long-jing
Kaliko demekin
photo: B. Teichfischer

X33386-4 **Fünffarbiges (Kaliko) Drachenauge**
Calico (Variegated) Dragoneye
Wu-hua long-jing
Kaliko demekin
photo: R. Herbst

X30651-5 **Fünffarbiges Drachenauge mit Schmetterlingsschwanz**
Calico (Variegated) Dragoneye mit butterfly tail
Wu-hua die-wei long-jing
(Chôchô obire) Kaliko deme
photo: Man Shek-hai

X33386-4 **Fünffarbiges (Kaliko) Drachenauge**
Calico (Variegated) Dragoneye
Wu-hua long-jing
Kaliko demekin
photo: R. Herbst

X33386-6 **Fünffarbiges (Kaliko) Drachenauge**
Calico (Variegated) Dragoneye
Wu-hua long-jing
Kaliko demekin
photo: B. Teichfischer

X30654-5 Fünffarbiges Schmetterlingsschwanz Drachenauge m. langen Flossen / Calico (Variegated) Butterfly Tail Dragoneye with long fins
Wu-hua zhang-qi die-wei long-jing
(Nagai hire chôchô obire) Kaliko demekin
◁ - ▷ photo: Man Shek-hai

X33386-3 Fünffarbiges (Kaliko) Drachenauge
Calico (Variegated) Dragoneye
Wu-hua long-jing
Kaliko demekin
◁ - ▷ photo: F. Teigler / Archiv A.C.S.

X30655-5 Mattes Fünffarbiges (Kaliko) Drachenauge
Calico (Variegated) Dragoneye, matt
Wu-hua tuo-ming long-jing
Tômei kaliko demekin
◁ - ▷ photo: F. Teigler / Archiv A.C.S.

X30655-4 Mattes Fünffarbiges (Kaliko) Drachenauge
Calico (Variegated) Dragoneye, matt
Wu-hua tuo-ming long-jing
Tômei kaliko demekin
◁ - ▷ photo: F. Teigler / Archiv A.C.S.

X30657-6 Schwarzes Drachenauge mit Pompons
Black Dragoneye with pompons
Hei rong-qiu long-jing
Hanafusa kurodeme
◁ - ▷ photo: Man Shek-hai

X30656-6 Rotes Drachenauge mit Pompons
Red Dragoneye with pompons
Hong rong-qiu long-jing
Hanafusa akademe
◁ - ▷ photo: Man Shek-hai

X30658-4 Rotes Drachenauge m. Pompons u. weißen Flossenspitzen
Red Dragoneye with pompons and white fin tips
Hong rong-qiu long-jing
Hanafusa akademe
◁ - ▷ photo: Man Shek-hai

X30657-5 Schwarzes Drachenauge mit Pompons
Black Dragoneye with pompons
Hei rong-qiu long-jing
◁ - ▷ Hanafusa kurodeme
photo: Man Shek-hai

X30659-5 Rotes Drachenauge mit Pompons und Quellkiemen
Red Dragoneye with pompons and curled opercula
Hong rong-qiu fan-sai long-jing
◁ - ▷ (Hirugaesu agito) Hanafusa akademe
photo: Man Shek-hai

X30660-5 Blaues Drachenauge mit Pompons
Blue Dragoneye with pompons
Lan rong-qiu long-jing
◁ - ▷ Raniro hanafusa demekin
photo: Man Shek-hai

X30661-4 Bronzefarbiges Drachenauge mit Pompons
Bronze Dragoneye with pompons
Zi rong-qiu long-jing
◁ - ▷ Seidôiro hanafusa demekin
photo: Man Shek-hai

X30662-5 Bronzefarbiges Drachenauge m. Pompons u. Quellkiemen
Bronze Dragoneye with pompons and curled opercula
Zi rong-qiu fan-sai long-jing
◁ - ▷ (Hirugaesu agito) Seidôiro hanafusa demekin
photo: Man Shek-hai

X30663-5 Schwarzes Drachenauge mit roten Pompons
Black Dragoneye with red pompons
Hei rong-qiu long-jing
◁ - ▷ Hanafusa kurodeme
photo: Man Shek-hai

X30664-4 Bronzefarbiges Drachenauge mit roten Pompons
Bronze Dragoneye with red pompons
Zi rong-qiu long-jing
◁ - ▷ Seidôiro hanafusa demekin
photo: Man Shek-hai

X30665-6 Weißes Drachenauge mit roten Pompons
White Dragoneye with red pompons
Bai rong-qiu long-jing
◁ - ▷ Shiroi hanafusa demekin
photo: Man Shek-hai

X30646-3 Weißes Drachenauge mit Pompons
White Dragoneye with pompons
Bai rong-qiu long-jing
◁ - ▷ Shiroi hanafusa demekin
photo: Man Shek-hai

X30666-5 Mattes Rotweißes Drachenauge mit Pompons
Red & White Dragoneye with pompons, matt
Hung-bai tuo-ming rong-qiu long-jing
◁ - ▷ Sarasa hanafusa demekin
photo: Man Shek-hai

X30667-4 Rotweißes Drachenauge mit Pompons
Red & White Dragoneye with pompons
Hung-bai rong-qiu long-jing
◁ - ▷ Sarasa hanafusa demekin
photo: Man Shek-hai

X30667-4 Rotweißes Drachenauge mit Pompons
Red and White Dragoneye with pompons
Hung-bai rong-qiu long-jing
◁ - ▷ Sarasa hanafusa demekin
photo: Man Shek-hai

X30668-5 Rotweißes Drachenauge m. Pompons u. Quellkiemen
Red and White Dragoneye with pompons and curled opercula
Hung-bai rong-qiu fan-sai long-jing
◁ - ▷ (Hirugaesu agito) Sarasa hanafusa demekin
photo: Man Shek-hai

X30669-4 Schwarzweißes Drachenauge mit weißen Pompons
Black & White Dragoneye with white pompons
Hei-bai rong-qiu long-jing, Xi-que-hua rong-qiu long-jing
◁ - ▷ Kuroshiro hanafusa demekin

photo: Man Shek-hai

X30670-5 Rotschwarzes Drachenauge mit rotschwarzen Pompons
Red & Black Dragoneye with red & black pompons
Hong-hei rong-qiu long-jing
◁ - ▷ Akasumi hanafusa demekin

photo: Man Shek-hai

X30671-5 Fünffarbiges (Kaliko) Drachenauge mit Pompons
Variegated (Calico) Dragoneye with pompons
Wu-hua rong-qiu long-jing
◁ - ▷ Kaliko hanafusa demekin

photo: Man Shek-hai

X30672-5 Blaues Blasenauge mit Rückenflosse
Blue Bubbleeye with dorsal fin
Lan bei-qi shui-pao-yan
◁ - ▷ Raniro sebire suihogan

photo: Man Shek-hai

X33505-5 Roter Hochkopf (Oranda) mit weißen Flossenrändern
Red Highhead (Oranda) with white fin borders
Hong gao-tou
Akai oranda shishigashira

photo: Man Shek-hai

X33500-4 Roter Hochkopf (Oranda)
Red Highhead (Oranda)
Hong gao-tou
Akai oranda shishigashira

photo: Tu Xu Sundries / Archiv A.C.S.

X33500-4 Roter Hochkopf (Oranda)
Red Highhead (Oranda)
Hong gao-tou
Akai oranda shishigashira

photo: B. Teichfischer

X33505-5 Roter Hochkopf (Oranda) mit weißen Flossen
Red Highhead (Oranda) with white fins
Hong gao-tou
Akai oranda shishigashira

photo: A. Lim

X33500-4 Roter Hochkopf (Oranda)
Red Highhead (Oranda)
Hong gao-tou
Akai oranda shishigashira

photo: H. J. Mayland

X33500-2 Roter Hochkopf (Oranda) (Jungtier)
Red Highhead (Oranda) (juvenil)
Hong gao-tou
Akai oranda shishigashira
photo: F. Teigler / Archiv A.C.S.

X33500-2 Roter Hochkopf (Oranda) (Jungtier)
Red Highhead (Oranda) (juvenil)
Hong gao-tou
Akai oranda shishigashira
photo: F. Teigler / Archiv A.C.S.

X30634-6 Roter Löwenkopf (Oranda) mit weißen Flossenrändern
Red Lionhead (Oranda) with white fin borders
Hong shi-(zi-)tou
Akai oranda shishigashira
photo: H. J. Mayland

X30634-5 Roter Löwenkopf (Oranda) mit weißen Flossenrändern
Red Lionhead (Oranda) with white fin borders
Hong shi-(zi-)tou
Akai oranda shishigashira
photo: B. Teichfischer

X33505-5 Roter Hochkopf (Oranda) mit weißen Flossenrändern
Red Highhead (Oranda) with white fin borders
Hong gao-tou
Akai oranda shishigashira
photo: B. Kahl

X30675-6 Rotgoldener Löwenkopf (Oranda)
Golden Red Lionhead (Oranda)
Hong shi-(zi-)tou
Akai oranda shishigashira
photo: Archiv A.C.S.

X30676-5 Roter Tigerkopf (Oranda) mit weißen Flossenrändern
Red Tigerhead (Oranda) with white fin borders
Hong hu-tou
Akai oranda shishigashira
photo: B. Teichfischer

X30634-5 Roter Löwenkopf (Oranda) mit weißen Flossensäumen
Red Lionhead (Oranda) with white fin borders
Hong shi-(zi-)tou
Akai oranda shishigashira

photo: Man Shek-hai

X30634-5 Roter Löwenkopf (Oranda) mit weißen Flossenspitzen
Red Lionhead (Oranda) with white find tips
Hong shi-(zi-)tou
Akai oranda shishigashira

photo: B. Teichfischer

X33500-5 Roter Hochkopf, Gänsekopf oder Kappenfisch (Oranda)
Red Highhead, Goosehead or Cap Fish(Oranda)
Hong gao-tou, Hong e-tou, Hong mao-zi
Oranda shishigashira

photo: Man Shek-hai

X33500-5 Roter Hochkopf (Oranda)
Red Highhead (Oranda)
Hong gao-tou
Akai oranda shishigashira

photo: B. Kahl

X33505-5 Roter Hochkopf (Oranda) mit weißen Flossenrändern
Red Highhead (Oranda) with white fin borders
Hong gao-tou
Akai oranda shishigashira

photo: B. Teichfischer

X33500-4 Roter Hochkopf (Oranda)
Red Highhead (Oranda)
Hong gao-tou
Akai oranda shishigashira

photo: B. Kahl

X33500-5 Roter und Rotweißer Löwenkopf (Oranda)
X33501-5 Red & Red and White Lionhead (Oranda)
Hong & Hong-bai shi-tou / Hua shi(-zi)-tou
Akai & Sarasa oranda shishigashira

photo: Archiv A.C.S.

X30680-3 Schwarzer Löwenkopf (Oranda)
Black Lionhead (Oranda)
Hei shi-(zi-)tou
Kuroi oranda shishigashira

photo: F. Teigler / Archiv A.C.S.

X30680-3 Schwarzer Löwenkopf (Oranda)
Black Lionhead (Oranda)
Hei shi-(zi-)tou
Kuroi oranda shishigashira

photo: B. Teichfischer

X30680-3 Schwarzer Löwenkopf (Oranda)
Black Lionhead (Oranda)
Hei shi-(zi-)tou
Kuroi oranda shishigashira

photo: B. Teichfischer

X30680-3 Schwarzer Löwenkopf (Oranda)
Black Lionhead (Oranda)
Hei shi-(zi-)tou
Kuroi oranda shishigashira
photo: Man Shek-hai

X30680-3 Schwarzer Löwenkopf (Oranda)
Black Lionhead (Oranda)
Hei shi-(zi-)tou
Kuroi oranda shishigashira
photo: F. Teigler / Archiv A.C.S.

X30681-3 Blauer Hochkopf (Oranda) mit langen Flossen
Blue High-Head (Oranda) with long fins
Lan (zhang-qi) gao-tou
(Nagai hire) Raniro oranda shishigashira
photo: Man Shek-Hai

X30683-3 Bronzefarbener Hochkopf oder Kappenfisch
Bronze High-Head or Cap Fish
Zi gao-tou, Zi mao-zi(-tou)
Seidôiro oranda shishigashira
photo: Man Shek-hai

X30682-3 Blauer Löwenkopf (Oranda) mit normalen Flossen
Blue Lionhead (Oranda) with normal fins
Lan shi-(zi-)tou
Raniro oranda shishigashira
photo: Man Shek-hai

X30683-3 Bronzefarbener Hochkopf oder Kappenfisch
Bronze High-Head or Cap Fish
Zi gao-tou, Zi mao-zi(-tou)
Seidôiro oranda shishigashira
photo: B. Kahl

X30685-3 Bronzefarbener Hochkopf oder Kappenfisch
Bronze High-Head or Cap Fish
Zi gao-tou, Zi mao-zi(-tou)
Seidôiro oranda shishigashira
photo: B. Kahl

X30684-3 Brauner Hochkopf (Oranda)
Brown High-Head (Oranda)
Zi gao-tou
Chakin oranda
photo: B. Teichfischer

X30684-3 Brauner Hochkopf (Oranda)
Brown High-Head (Oranda)
Zi gao-tou
Chakin oranda
photo: B. Teichfischer

X33550-5 Bronzefarbener Hochkopf oder Kappenfisch
Bronze High-Head or Cap Fish
Zi gao-tou, Zi mao-zi(-tou)
Seidôiro oranda shishigashira
photo: B. Teichfischer

X33524-5 Purpurfarbiger Oranda
Purple Oranda
Zi hu-tou
Chakin oranda
photo: Tu Xu Sundries / Archiv A.C.S.

X33550-5 Bronzefarbener Hochkopf oder Kappenfisch
Bronze High-Head or Cap Fish
Zi gao-tou, Zi mao-zi(-tou)
Seidôiro oranda shishigashira
photo: F. Schäfer

X30686-3 Eisenfarbiger Tigerkopf (Oranda)
Ironcoloured Tigerhead (Oranda)
Tie hu-tou
Tetsuiro oranda shishigashira
photo: B. Kahl

X30686-3 Eisenfarbiger Tigerkopf (Oranda)
Ironcoloured Tigerhead (Oranda)
Tie hu-tou
Tetsuiro oranda shishigashira
photo: B. Kahl

X30687-3 Weißer Hochkopf oder Kappenfisch
White High-Head or Cap Fish
Bai gao-tou, Bai mao-zi(-tou)
Shiroi oranda shishigashira photo: F. Teigler / Archiv A.C.S.

X30687-3 Weißer Hochkopf oder Kappenfisch
White High-Head or Cap Fish
Bai gao-tou, Bai mao-zi(-tou)
Shiroi oranda shishigashira photo: F. Teigler / Archiv A.C.S.

X33515-3 Weißer Tigerkopf (Oranda)
White Tigerhead (Oranda)
Bai hu-tou
Shiroi oranda shishigashira photo: Man Shek-hai

X33515-4 Weißer Tigerkopf (Oranda)
White Tigerhead (Oranda)
Bai hu-tou
Shiroi oranda shishigashira photo: B. Teichfischer

X30689-3 Weißer Löwenkopf oder Yadekopf
White Lionhead or Yadehead
Yu zhen shi(-zi)-tou
Shiroi oranda shishigashira photo: Tu Xu Sundries / Archiv A.C.S.

X30689-3 Weißer Löwenkopf (Oranda)
White Lionhead (Oranda)
Yu zhen shi(-zi)-tou
Shiroi oranda shishigashira photo: F. Teigler / Archiv A.C.S.

X33411-3 Rotweißer Löwenkopf (Oranda)
Red and White Lionhead (Oranda)
Hong-bai shi-tou / Hua shi(-zi)-tou
Sarasa oranda shishigashira photo: F. Teigler / Archiv A.C.S.

X30691-4 Roter Löwenkopf (Oranda) mit Jadesiegel
Red Lionhead (Oranda) with jade seal
Hong yu-yin shi-(zi-)tou
Akai ômado oranda shishigashira photo: Y. Kobvayashi

X30692-3 Rotweißer Matter Löwenkopf (Oranda)
Red and White Mat Lionhead (Oranda)
Hong-bai tuo-ming shi-tou / Hua tuo-mingshi(-zi)-tou
Tômei sarasa oranda shishigashira photo: Man Shek-hai

X33411-3 Rotweißer Löwenkopf (Oranda)
Red and White Lionhead (Oranda)
Hong-bai shi-tou / Hua shi(-zi)-tou
Sarasa oranda shishigashira photo: B. Teichfischer

X33411-4 Rotweißer Löwenkopf (Oranda)
Red and White Lionhead (Oranda)
Hong-bai shi-tou
Oranda shishigashira photo: Man Shek-hai

X30693-3 Rotweißer Tigerkopf (Oranda), rechts ein Zwölffach-Rot
X30694-3 Red and White Tigerhead (Oranda), right a Twelf-Times-Red
Hong-bai hu-tou & Shi-er hong
Sarasa oranda shishigashira & Rokurin oranda shishigashira photo: Man Shek-hai

X30693-3 Rotweißer Tigerkopf (Oranda)
Red and White Tigerhead (Oranda)
Hong-bai hu-tou, Hua shi(-zi)-tou
Sarasa oranda shishigashira photo: A. Lim

X30688-3 Dreifarbiger Löwenkopf (Oranda)
Triplecoloured Lionhead (Oranda)
San-hua shi(-zi)-tou
Sanshoku oranda
photo: A. Lim

Goldfischzuchtbetrieb in Fu-zhou
Goldfishfarm in Fu-zhou
photo: A. Lim

X33411-5 Rotweißer Löwenkopf (Oranda)
Red and White Lionhead (Oranda)
Hong-bai shi-tou / Hua shi(-zi)-tou
Sarasa oranda shishigashira
photo: R. Herbst

X33411-3 Rotweißer Löwenkopf (Oranda)
Red and White Lionhead (Oranda)
Hong-bai shi-tou / Hua shi(-zi)-tou
Sarasa oranda shishigashira
photo: B. Teichfischer

X33411-3 Rotweißer Löwenkopf (Oranda)
Red and White Lionhead (Oranda)
Hong-bai shi-tou / Hua shi(-zi)-tou
Sarasa oranda shishigashira
photo: Mainland Tropical Fish Farm

X33421-6 Rotweißer Hochkopf (Oranda)
Red and White High-head (Oranda)
Hong-bai gao-tou
Sarasa oranda shishigashira
photo: R. Herbst

X33411-3 Rotweißer Löwenkopf (Oranda)
Red and White Lionhead (Oranda)
Hong-bai shi-tou / Hua shi(-zi)-tou
Sarasa oranda shishigashira
photo: Man Shek-hai

X33421-3 Rotweißer Hochkopf (Oranda)
Red and White High-head (Oranda)
Hong-bai gao-tou
Sarasa oranda shishigashira
photo: Man Shek-hai

X33411-3 Rotweißer Löwenkopf (Oranda)
Red and White Lionhead (Oranda)
Hong-bai shi-tou / Hua shi(-zi)-tou
Sarasa oranda shishigashira
photo: B. Teichfischer

X33411-3 Rotweißer Löwenkopf (Oranda)
Red and White Lionhead (Oranda)
Hong-bai shi-tou / Hua shi(-zi)-tou
Sarasa oranda shishigashira
photo: R. Herbst

X33411-3 Rotweißer Löwenkopf (Oranda)
Red and White Lionhead (Oranda)
Hong-bai shi(-zi)-tou
Sarasa oranda shishigashira
photo: Man Shek-hai

X30696-3 Rotkappe oder Rote Kranichkrone
Red cap Fish or Red Crested Crane
Hong mao-zi / He ding hong
Tanchô oranda
photo: F. Teigler / Archiv A.C.S.

X30697-4 Rotweißer Büffelkopf (Ranchu) mit Rückenflosse
Red and White Buffalohead (Ranchu) with dorsalfin
Hong-bai bei-qi shi-tou
Sarasa sebire oranda
photo: Man Shek-hai

X30698-3 Rotköpfiger Weißer Büffelkopf (Ranchu) m. Rückenflosse
Red Headed White Buffalohead (Ranchu) with dorsal fin
Hong-tou bei-qi bai shi-tou
Sarasa sebire oranda
photo: Man Shek-hai

X30696-4 Rotkappe oder Rote Kranichkrone
Red cap Fish or Red Crested Crane
Hong mao-zi / He ding hong
Tanchô oranda
photo: B. Kahl

X30696-4 Rotkappe oder Rote Kranichkrone
Red cap Fish or Red Crested Crane
Hong mao-zi / He ding hong
Tanchô oranda
photo: F. Teigler / Archiv A.C.S.

X30696-3 Rotkappe oder Rote Kranichkrone
Red cap Fish or Red Crested Crane
Hong mao-zi / He ding hong
Tanchô oranda
photo: F. Teigler / Archiv A.C.S.

X30699-3 Rotschwarzer Hochkopf (Oranda)
Red and Black Highhead (Oranda)
Hong-hei gao-tou
Akasumi oranda shishigashira
photo: B. Teichfischer

X30699-3 Rotschwarzer Hochkopf (Oranda)
Red and Black Highhead (Oranda)
Hong-hei gao-tou
Akasumi oranda shishigashira
photo: K. Bernhardt

X30696-3 Rotkappe oder Rote Kranichkrone
Red cap Fish or Red Crested Crane
Hong mao-zi / He ding hong
Tanchô oranda
photo: B. Teichfischer

X30696-4 Rotkappe oder Rote Kranichkrone
Red cap Fish or Red Crested Crane
Hong mao-zi / He ding hong
Tanchô oranda
photo: B. Kahl

X30699-3 Rotschwarzer Hochkopf (Oranda)
Red and Black Highhead (Oranda)
Hong-hei gao-tou
Akasumi oranda shishigashira
photo: K. Bernhardt

X30700-3 Rotschwarzer Löwenkopf (Oranda)
Red and Black Lionhead (Oranda)
Hong-hei shi-tou
Akasumi oranda shishigashira
photo: Man Shek-hai

X30701-3 Rotschwarzer Hochkopf (Oranda) mit Jadesiegel
Red and Black Highhead (Oranda) with jade seal
Hong-hei (yu-yin) gao-tou
Akasumi oranda shishigashira
photo: B. Teichfischer

X33520-3 In-Eisen-gehülltes-Gold Hochkopf
Gold-Wraped-in-Iron Highhead
Tie-bao-jin gao-tou
Akasumi oranda
photo: F. Teigler / Archiv A.C.S.

X33520-3 In-Eisen-gehülltes-Gold Hochkopf
Gold-Wraped-in-Iron Highhead
Tie-bao-jin gao-tou
Akasumi oranda
photo: F. Teigler / Archiv A.C.S.

X33520-5 In-Eisen-gehülltes-Gold Löwenkopf
Gold-Wraped-in-Iron Lionhead
Tie-bao-jin shi(-zi)-tou
Akasumi oranda
photo: Tu Xu Sundries / Archiv A.C.S.

X30703-3 Rotschwarzer Büffelkopf (Ranchu) mit Rückenflosse
Red and Black Buffalohead (Ranchu) with dorsal fin
Hong hei bei-qi shi-tou
Akasumi sebire ranchu
photo: Man Shek-hai

X30673-3 Schwarz-Bronzener Löwenkopf
Black-Bronze Lionhead
Hei zi shi(-zi)-tou
Kuroi to seidôiro oranda
photo: A. Lim

X33520-4 In-Eisen-gehülltes-Gold Löwenkopf
Gold-Wraped-in-Iron Lionhead
Tie-bao-jin shi(-zi)-tou
Akasumi oranda
photo: Archiv A.C.S.

X30704-3 Schwarzweißer Löwenkopf, Panda Löwenkopf oder Elsternfarbiger Hochkopf
Black and White Lionhead, Panda Lionhead or Magpie-Coloured High-Head
Hei-bai shi(-zi)-tou, Xiong-mao shi(-zi)-tou, Xi-que hua shi(-zi)-tou
Shirosumi oranda shishigashira
photo: K. Bernhardt

X30705-3 Schwarzweißer Tigerkopf mit kurzen Flossen
Black and White Tigerhead with short fins
Hei-bai (duan-qi) hu-tou, Xi-que hua hu-tou
(Michikai hire) Shirosumi oranda shishigashira
photo: Man Shek-hai

X30706-3 Schwarzweißer Hochkopf (Oranda)
Black and White Highhead (Oranda)
Hei-bai gao-tou
Shirosumi oranda shishigashira
photo: B. Teichfischer

X30706-3 Schwarzweißer Hochkopf (Oranda)
Black and White Highhead (Oranda)
Hei-bai gao-tou
Shirosumi oranda shishigashira
photo: B. Teichfischer

X30702-4 Verschiedene Löwenköpfe (Codenummer: Mix)
Various Lionheads (codenumber: mix)
Shi(-zi)-tou & Wu-hua jin-yu
Sarasa & Kyariko oranda shishigashira
photo: B. Teichfischer

X30707-3 Bronzefarbiger Rotscheitel Tigerkopf
Bronze-Coloured Red Crest Tigerhead
Zhu-ding zi hu-tou, Zhu-ding zi-luo pao (hu-tou)
Seidôiro tanchô oranda shishigashira photo: Man Shek-hai

X30708-3 Blau-Bronzener Löwenkopf
Blue and Bronze Lionhead
Zi-lan shi-tou, Zi lan-hua shi-tou
Seidô-raniro oranda shishigashira photo: F. Teigler / Archiv A.C.S.

X30709-3 Schwarzweißer Tigerkopf mit kurzen Flossen
Black and White Tigerhead with short fins
Hei-bai hu-tou, Xiong-mao hu-tou, Xi-que hua hu-tou
Oranda shishigashira

Alle Schwarzweißen Hochköpfe werden auch Panda oder Elsternfarbiger Hochkopf genannt
All Black and White High-Heads are also called Panda or Magpie-Coloured High-Head photo: Man Shek-hai

X33510-4 Rotschwarzweißer oder Dreifarbiger Löwenkopf
Red, Black and White Lionhead
San-hua shi(-zi)-tou
Sanshoku oranda shishigashira photo: B. Teichfischer

X33522-5 Blauköpfiger Löwenkopf
Blue-Faced Lionhead
Lan tou hu-tou
Raniro menkaburi oranda shishigashira photo: Tu Xu Sundries / Archiv A.C.S.

X30712-3 Blau-Bronzener Löwenkopf
Blue and Bronze Lionhead
Zi-lan shi-tou, Zi lan-hua shi-tou
Seidô-raniro oranda shishigashira
◁

photo: Man Shek-hai

X30713-3 Blauköpfiger Rotweißer Löwenkopf
Blue-Headed Red and White Lionhead
Lan mian hong-bai shi-tou, Guan-gong-mian hua shi-tou
Raniro menkaburi no sarasa oranda shishigashira
◁
photo: Man Shek-hai

X30713-3 Blauköpfiger Rotweißer Löwenkopf
Blue-Faced Red and White Lionhead
Lan mian hong-bai shi-tou, Guan-gong-mian hua shi-tou
Raniro menkaburi no sarasa oranda shishigashira
photo: Man Shek-hai

X30713-3 Blauköpfiger Rotweißer Löwenkopf
Blue-Faced Red and White Lionhead
Lan mian hong-bai shi-tou, Guan-gong-mian hua shi-tou
Raniro menkaburi no sarasa oranda shishigashira
photo: Man Shek-hai

X30714-3 Rotschwarzweißer oder Dreifarbiger Tigerkopf
Red, Black and White Tigerhead
San-hua hu-tou
Sanshoku oranda shishigashira
photo: B. Teichfischer

X30714-3 Rotschwarzweißer oder Dreifarbiger Tigerkopf
Red, Black and White Tigerhead
San-hua hu-tou
Sanshoku oranda shishigashira
photo: B. Teichfischer

X30714-2 Rotschwarzweißer oder Dreifarbiger Tigerkopf
Red, Black and White Tigerhead
San-hua hu-tou
Sanshoku oranda shishigashira
photo: F. Teigler / Archiv A.C.S.

X30714-3 Rotschwarzweißer oder Dreifarbiger Tigerkopf
Red, Black and White Tigerhead
San-hua hu-tou
Sanshoku oranda shishigashira
photo: F. Schäfer

X33523-5 Rotschwarzweißer oder Dreifarbiger Löwenkopf
Red, Black and White Lionhead
San-hua shi(-zi)-tou
Sanshoku oranda shishigashira
photo: Tu Xu Sundries / Archiv A.C.S.

X33523-3 Rotschwarzweißer oder Dreifarbiger Löwenkopf
Red, Black and White Lionhead
San-hua shi(-zi)-tou
Sanshoku oranda shishigashira
photo: A. Lim

X30716-3 Fünffarbiger Hochkopf
Calico (Variegated) High-Head
Wu-hua gao-tou
Kyariko oranda shishigashira
photo: F. Teigler / Archiv A.C.S.

X30716-3 Fünffarbiger Hochkopf
Calico (Variegated) High-Head
Wu-hua gao-tou
Kyariko oranda shishigashira
photo: F. Teigler / Archiv A.C.S.

X30717-3 Fünffarbiger Rotscheitel Hochkopf
Variegated (Calico) High-Head with Red Crest
Zhu-ding wu-hua gao-tou
Azumanishiki (oranda)

photo: Man Shek-hai

X30718-3 Fünffarbiger (Kaliko) Rotscheitel Löwenkopf
Calico (Variegated) Lionhead with Red Crest
Zhu-ding wu-hua shi(-zi)-tou
Azumanishiki (oranda)

photo: B. Teichfischer

X33345-3 Fünffarbiger (Kaliko) Löwenkopf
Calico (Variegated) Lionhead
Wu-hua shi(-zi)-tou
Kyariko oranda shishigashira

photo: B. Teichfischer

X33345-3 Fünffarbiger (Kaliko) Löwenkopf
Calico (Variegated) Lionhead
Wu-hua shi(-zi)-tou
Kyariko oranda shishigashira

photo: B. Teichfischer

X33345-3 Fünffarbiger (Kaliko) Löwenkopf
Calico (Variegated) Lionhead
Wu-hua shi(-zi)-tou
Kyariko oranda shishigashira

photo: B. Kahl

X33435-3 Fünffarbiger (Kaliko) Löwenkopf
Calico (Variegated) Lionhead
Wu-hua shi-tou
Kyariko oranda shishigashira
photo: B. Kahl

X33435-3 Fünffarbiger (Kaliko) Löwenkopf
Calico (Variegated) Lionhead
Wu-hua shi-tou
Kyariko oranda shishigashira
photo: Man Shek-hai

X30716-3 Fünffarbiger Hochkopf
Variegated (Calico) High-Head
Wu-hua gao-tou
Kyariko oranda shishigashira
photo: Man Shek-hai

X33435-4 Fünffarbiger (Kaliko) Löwenkopf
Calico (Variegated) Lionhead
Wu-hua shi-tou
Kyariko oranda shishigashira
photo: B. Teichfischer

X33435-3 Fünffarbiger (Kaliko) Löwenkopf
Calico (Variegated) Lionhead
Wu-hua shi-tou
Kyariko oranda shishigashira
photo: B. Teichfischer

X33435-3 Fünffarbiger (Kaliko) Löwenkopf
Calico (Variegated) Lionhead
Wu-hua shi-tou
Kyariko oranda shishigashira
photo: B. Kahl

X30720-3 Fünffarbiger (Kaliko) Löwenkopf (Sesamlöwenkopf)
Calico (Variegated) Lionhead (Sesame Lionhead)
Wu-hua shi-tou
Kyariko oranda shishigashira
photo: Man Shek-hai

X30716-3 Fünffarbiger Hochkopf
Variegated (Calico) High-Head
Wu-hua gao-tou
Kyariko oranda shishigashira
photo: F. Teigler / Archiv A.C.S.

Straßenmarkt in Fu-zhou mit einem großen Sortiment sehr guter Goldfische.
Streetmarket in Fu-zhou with a good stock of high quality goldfish.

photo: A. Lim

X30721-3 Roter Hochkopf mit Pompon
Red High-Head with Pompon
Hong rong-qiu gao-tou
Akai hanafusa oranda
photo: Man Shek-hai

X30722-3 Oranger Pompon Hochkopf
Orange Pompon High-Head
Cheng-huang rong-qiu gao-tou
Hanafusa oranda
photo: Man Shek-hai

X30723-3 Roter Perlschuppen-Hochkopf mit Drachenaugen
Red Perlscale High-Head with dragoneyes
Hong zhen-zhu-lin gao-tou long-jing
Deme pêrusukêru oranda
photo: Man Shek-hai

X30724-3 Bronzefarbiger Tigerkopf mit Pompons
Bronze-Coloured Tigerhead with Pompons
Zi rong-qiu hu-tou
Seidôiro hanafusa oranda
photo: Man Shek-hai

X30725-3 Bronzefarbiger Pompon Hochkopf mit Drachenaugen
Bronze Pompon High-Head with Dragon Eyes
Zi rong-qiu gao-tou long-jing
Seidôiro deme hanafusa oranda
photo: Man Shek-hai

X30726-3 Bronzefarbiger Hochkopf mit Drachenaugen
Bronze High-Head with Dragon Eyes
Zi gao-tou long-jing
Seidôiro deme oranda
photo: Man Shek-hai

X30727-3 Schwarzer Hochkopf mit Drachenaugen
Black High-Head with Dragon Eyes
Hei gao-tou long-jing
Kurodeme oranda
photo: Man Shek-hai

X30728-3 Schwarzer Perlschuppen-Hochkopf mit Drachenaugen
Black Perlscale High-Head with Dragon Eyes
Hei zhen-zhu-lin gao-tou long-jing
Kurodeme pêrusukêru oranda
photo: Y. Kobayashi

X30729-3 Achatauge oder Rotäugiges Silberdrachenauge
Agate Eye or Red Eyed Silver Dragoneye
Ma-nao yan / Hong yan yin long-jing
Menô manako / Akame gin deme oranda
photo: B. Teichfischer

X30733-3 Rotweißer Hochkopf mit Drachenaugen
Red and White High-Head with Dragon Eyes
Hong-bai gau-tou long-jing
Sarasa deme oranda
photo: Y. Kobayashi

X33521-4 In-Eisen-gehülltes-Gold Hochkopf mit Drachenaugen
Gold-Wraped-in-Iron Dragoneye Highhead
Tie-bao-jin long-jing mao-zi
Akasumi deme oranda
photo: Tu Xu Sundries / Archiv A.C.S.

X30732-3 Schwarzer Rotscheitel-Hochkopf mit Drachenaugen
Red Crested Black Dragoneye Highhead
Zhu-ding hei gao-tou long-jing
Tanchô kurodeme oranda
photo: Man Shek-hai

Goldfischzuchtbetrieb in Fuzhou, rechts A. Lim
Goldfishfarm in Fuzhou, on the right A. Lim
photo: A. Lim

X30734-3 Kaliko Hochkopf mit Drachenaugen
Calico High-Head with Dragoneyes
Wu-hua gao-tou long-jing
Kyariko oranda
photo: Tu Xu Sundries / Archiv A.C.S.

X30733-3 Rotweißer Hochkopf mit Drachenaugen
Red and White High-Head with Dragon Eyes
Hong-bai gau-tou long-jing
Sarasa deme oranda
photo: Man Shek-hai

X30735-3 Rotkappen Drachenauge
Red Cap Dragon Eye
Zhu-ding bai gao-tou long-jing
Tanchô deme oranda
photo: Man Shek-hai

X30736-3 Roter und Rotweißer Hochkopf Eierphönix
X30737-3 Red & Red and White Highhead Eggphenix
Hong gao-tou dan-feng, Hong-bai gao-tou dan-feng
Akai & Sarasa shukin

photo: Man Shek-hai

X30738-3 Oranger Eierfisch
Orange Eggfish
Cheng-huang dan yu
Orenji maruko

photo: F. Teigler / Archiv A.C.S.

X30738-3 Oranger Eierfisch
Orange Eggfish
Cheng-huang dan yu
Orenji maruko

photo: F. Teigler / Archiv A.C.S.

X30739-3 Roter Eierfisch
Red Eggfish
Hong dan yu
Maruko

photo: B. Kahl

X30739-3 Roter Eierfisch
Red Eggfish
Hong dan yu
Maruko

photo: F. Teigler / Archiv A.C.S.

X33401-3 Roter Pompon Eierfisch
Red Pompon Eggfish
Hong rong-qiu dan-yu (Lan dan qiu)
Akai hanafusa
photo: B. Kahl

X33401-6 Roter Pompon Eierfisch
Red Pompon Eggfish
Hong rong-qiu dan-yu (Lan dan qiu)
Akai hanafusa
photo: Tu Xu Sundries / Archiv A.C.S.

X33401-3 Roter Pompon Eierfisch
Red Pompon Eggfish
Hong rong-qiu dan-yu (Lan dan qiu)
Akai hanafusa
photo: Man Shek-hai

X30741-3 Roter Pompon Eierfisch mit Drachenaugen
Red Pompon Eggfish with Dragoneyes
Hong rong-qiu long-jing dan-yu (Lan dan qiu)
Akai deme hanafusa
photo: B Teichfischer

X30742-3 Blassbronzefarbiger Eierphönix
Pale Bronze Eggphenix
Dan zi dan-feng
Murasaki no hagoromo
photo: Man Shek-hai

X30743-3 Blauer Pompon Eierfisch
Blue Pompon Eggfish
Lan rong-qiu dan-yu (Lan dan qiu)
Raniro (aoi) hanafusa
photo: Man Shek-hai

X30744-3 Bronzefarbiger Pompon Eierphönix
Bronze Pompon Eggphenix
Zi rong-qiu dan-feng
(Nagahire) Murasaki no hanafusa
photo: Man Shek-hai

X30745-3 Rotpurpurner Pompon Eierphönix mit Drachenaugen
Red and Purple Pompon Eggphenix with Dragoneyes
Zi-hong rong-qiu long-jing dan-fen
(Nagahire) Musaki no deme hanafusa
photo: Man Shek-hai

X30746-3 Weißer Eierfisch
White Eggfish
Bai dan yu
Shiroi maruko
photo: F. Teigler / Archiv A.C.S.

X30740-3 Weißer Eierphönix (Weiße Federrobe)
White Eggphenix (White Feather Robe)
Bai dan-feng
Shiroi hagoromo
photo: B. Teichfischer

X30747-3 Mattweißer Pompon Eierfisch
White Mate Pompon Eggfish
Bai tuo-ming rong-qiu dan-yu (Bai tuo-ming dan qiu)
Shiroi tômei hanafusa
photo: Man Shek-hai

X30748-3 Rotweißer Eierfisch
Red and White Eggfish
Hong-bai dan-yu
Sarasa hanafusa
photo: F. Schäfer

X30749-3 Rotweißer Perlmutt-Pompon Eierfisch
Red and White Nacreous Pompon Eggfish
Hong-bai ban-tuo-ming rong-qiu dan-yu (Hua bo-li dan qiu)
(Han tômei) Sarasa hanafusa
photo: Man Shek-hai

X30750-3 Weißer & Rotscheitel Eierphönix mit roten Flossen
White & Red Crest Eggphenix with red fins
Hong qi bai dan-feng, Zhu-ding hong qi bai dan-feng
Akai hire & Tancho akai hire no shiroi hagoromo photo: Man Shek-hai

X30752-3 Rotweißer Hochkopf Eierphönix
Red and White High-Head Eggphenix
Hong-bai gao-tou dan-feng
Sarasa shukin photo: Man Shek-hai

X30753-4 Rote Kranichkrone Eierphönix
Red Crane Crest Eggphenix
He-ding-hong dan-feng
Tancho shukin photo: Man Shek-hai

X30754-3 Rotweißer Eierphönix
Red and White Eggphenix
Hong-bai (Hua) dan-feng / Hong lian bai dan-feng
Sarasa hagoromo photo: Man Shek-hai

X30755-3 Rotscheitel Eierphönix
Red Cap Eggphenix
Hong-ding bai dan-feng
Tancho hagoromo photo: Man Shek-hai

X30756-3 Schwarzbronzener Pompon Eierphönix
Black and Bronze Pompon Eggphenix
Hei-zi rong-qiu dan-feng
Kuroi to murasaki no hagoromo photo: Man Shek-hai

X30757-2 Rotschwarzer Eierfisch (Jungtier)
Red and Black Eggfish (juvenil)
Hong-hei dan yu
Akasumi maruko photo: F. Schäfer

X30757-2 Rotschwarze Eierfische (Jungtiere)
Red and Black Eggfish (juvenil)
Hong-hei dan yu
Akasumi maruko photo: F. Schäfer

X30758-4 Fünffarbiger (Kaliko) Pompon Eierfisch mit Perlschuppen
Calico (Variegated) Pompon Eggfish with Pearlscales
Wu-hua rong-qiu zhu-zhen dan-yu (Wu-hua zhu-zhen dan qiu)
Kyariko pêrusukêru hanafusa
photo: Man Shek-hai

X30759-3 Schwarzsilberiger Rotscheitel Eierphönix (Herbstbrokat)
Silverblack Red Crest Egg-phenix (Autumn Brocade)
Hei-yin hong-ding dan-feng
Hagoromo akinishiki
photo: Y. Kobayashi

X30760-3 Fünffarbiger und Rotweißer Pompon Eierfisch
Calico (Variegated) & Red and White Pompon Eggfish
Wu-hua & Hua rong-qiu dan-yu (Wu-hua & Hua dan qiu)
Kyariko & Sarasa hanafusa
photo: H. J. Mayland

X33446-3 Rotschwarzer Himmelsgucker mit Pompons
Red and Black Celestial with Pompon
Hong-hei rong-qiu chao-tian-yan
Akasumi hanafusa chôtengan
photo: R. Herbst

X30763-3 Fünffarbiger Pompon Eierfisch mit Drachenaugen
Calico (Variegated) Pompon Eggfish with Dragoneyes
Wu-hua rong-qiu long-jing dan-yu (Wu-hua long-jing dan qiu)
Kyariko deme hanafusa
photo: Man Shek-hai

X30760-3 Fünffarbiger (Kaliko) Pompon Eierfisch
Calico (Variegated) Pompon Eggfish
Wu-hua rong-qiu dan-yu (Wu-hua dan qiu)
Kyariko hanafusa
photo: B. Teichfischer

X30764-3 Fünffarbiger (Kaliko) Eierfisch
Calico (Variegated) Eggfish
Wu-hua dan-yu
Kyariko Maruko
photo: B. Teichfischer

X30765-3 Weißer Eierfisch oder Nankin
White Eggfish or Nankin
Bai dan-yu (Nan jing)
Nankin
photo: Y. Kobayashi

X30766-3 Weißer Eierfisch mit roten Flossen oder Rokurin Nankin
White Eggfish with red fins or Rokurin Nankin
Hong-qi bai dan-yu (Nan jing)
Rokurin nankin
photo: Y. Kobayashi

X30767-3 Rotweißer Eierfisch oder Nankin
Red and White Eggfish or Nankin
Hua dan-yu (Nan jing)
Nankin
photo: Y. Kobayashi

X30767-3 Rotweißer Eierfisch oder Nankin
Red and White Eggfish or Nankin
Hua dan-yu (Nan jing)
Nankin
photo: Y. Kobayashi

X30767-3 Rotweißer Eierfisch oder Nankin
Red and White Eggfish or Nankin
Hua dan-yu (Nan jing)
Nankin
photo: Y. Kobayashi

X30767-3 Rotweißer Eierfisch oder Nankin
Red and White Eggfish or Nankin
Hua dan-yu (Nan jing)
Nankin
photo: Y. Kobayashi

X30767-3 Rotweißer Eierfisch oder Nankin
Red and White Eggfish or Nankin
Hua dan-yu (Nan jing)
Nankin
photo: B. Teichfischer

Goldfischgeschäft in Hong Kong
Goldfish shop in Hong Kong
photo: A. Lim

X30768-3 Fünffarbiger Eierfisch oder Nankin (Kyonoshiki)
Calico (Variegated) Eggfish or Nankin (Kyonoshiki)
Wu-hua shi-tou (Wu-hua lan-shou)
Kyariko Nankin / Kyonoshiki
photo: Mainland Tropical Fish Farm

X30768-3 Fünffarbiger Eierfisch oder Nankin (Kyonoshiki)
Calico (Variegated) Eggfish or Nankin (Kyonoshiki)
Wu-hua shi-tou (Wu-hua lan-shou)
Kyariko Nankin / Kyonoshiki
photo: B. Teichfischer

X30768-3 Fünffarbiger Eierfisch oder Nankin (Kyonoshiki)
Calico (Variegated) Eggfish or Nankin (Kyonoshiki)
Wu-hua shi-tou (Wu-hua lan-shou)
Kyariko Nankin / Kyonoshiki
photo: Man Shek-hai

X30768-3 Fünffarbiger Eierfisch oder Nankin (Kyonoshiki)
Calico (Variegated) Eggfish or Nankin (Kyonoshiki)
Wu-hua shi-tou (Wu-hua lan-shou)
Kyariko Nankin / Kyonoshiki
photo: Man Shek-hai

X33603-5 Fünffarbiger Eierfisch oder Nankin (Kyonoshiki)
Calico (Variegated) Eggfish or Nankin (Kyonoshiki)
Wu-hua shi-tou (Wu-hua lan-shou)
Kyariko Nankin / Kyonoshiki
photo: B. Kahl

X30768-3 Fünffarbiger Eierfisch oder Nankin (Kyonoshiki)
Calico (Variegated) Eggfish or Nankin (Kyonoshiki)
Wu-hua shi-tou (Wu-hua lan-shou)
Kyariko Nankin / Kyonoshiki
photo: B. Kahl

X30769-3 Roter Eierfisch oder Ôsaka ranchu
Red Eggfish or Ôsaka ranchu
Hua dan-yu (Da-ban lan-shou)
Ôsaka ranchu
photo: Y. Kobayashi

X30770-3 Rotweißer Eierfisch oder Ôsaka ranchu
Red and White Eggfish or Ôsaka ranchu
Hua dan-yu (Da-ban lan-shou)
Ôsaka ranchu
photo: Y. Kobayashi

X30770-3 Rotweißer Eierfisch oder Ôsaka ranchu
Red and White Eggfish or Ôsaka ranchu
Hua dan-yu (Da-ban lan-shou)
Ôsaka ranchu
photo: Y. Kobayashi

X30770-3 Rotweißer Eierfisch oder Ôsaka ranchu
Red and White Eggfish or Ôsaka ranchu
Hua dan-yu (Da-ban lan-shou)
Ôsaka ranchu
photo: Y. Kobayashi

X30770-3 Rotweißer Eierfisch oder Ôsaka ranchu
Red and White Eggfish or Ôsaka ranchu
Hua dan-yu (Da-ban lan-shou)
Ôsaka ranchu
photo: Y. Kobayashi

X30770-3 Rotweißer Eierfisch oder Ôsaka ranchu
Red and White Eggfish or Ôsaka ranchu
Hua dan-yu (Da-ban lan-shou)
Ôsaka ranchu
photo: Y. Kobayashi

X30770-3 Rotweißer Eierfisch oder Ôsaka ranchu
Red and White Eggfish or Ôsaka ranchu
Hua dan-yu (Da-ban lan-shou)
Ôsaka ranchu
photo: Y. Kobayashi

X30770-3 Rotweißer Eierfisch oder Ôsaka ranchu
Red and White Eggfish or Ôsaka ranchu
Hua dan-yu (Da-ban lan-shou)
Ôsaka ranchu
photo: Y. Kobayashi

X33604-5 Roter Büffelkopf (Ranchu) mit weißer Schwanzflossenspitze
Red Buffalohead or Ranchu with white caudal fin tips
Hong shi-tou (Hong lan-shou)
Shôjô ranchû
photo: Man Shek-hai

X33602-4 Roter Büffelkopf oder Ranchu
Red Buffalohead or Ranchu
Hong shi-tou (Hong lan-shou)
Shôjô ranchû
photo: B. Teichfischer

X30772-3 Roter Büffelkopf od. Ranchu m. perfekter Rückenkrümmung
Red Buffalohead or Ranchu with perfect dorsal bending
Hong shi-tou (Hong lan-shou)
Shôjô ranchû
photo: Man Shek-hai

X30773-3 Roter Büffelkopf oder Chinesischer Löwenkopf
Red Buffalohead or Chinese Lionhead
Hong shi-tou
Shôjô ranchû (Chûkoku shishigashira)
photo: B. Teichfischer

X33604-4 Roter Büffelkopf oder Ranchu mit weißer Schwanzflosse
Red Buffalohead or Ranchu with white caudal fin
Hong shi-tou (Hong lan-shou)
Shôjô ranchû
photo: B. Teichfischer

X33602-4 Roter Büffelkopf oder Ranchu
Red Buffalohead or Ranchu
Hong shi-tou (Hong lan-shou)
Shôjô ranchû
photo: Man Shek-hai

X33604-5 Roter Büffelkopf oder Ranchu m. weißen Flossenspitzen
Red Buffalohead or Ranchu with white fin tips
Hong shi-tou (Hong lan-shou)
Shôjô ranchû
photo: R. Herbst

X30778-3 Rotweißer Büffelkopf oder Ranchu
Red and White Buffalohead or Ranchu
Hua shi-tou (Hua lan-shou)
Sarasa ranchû
photo: Y. Kobayashi

X30775-3 Oranger Büffelkopf oder Chinesischer Löwenkopf
Orange Buffalohead or Chinese Lionhead
Cheng-huang shi-tou
Orenji ranchû (Chûkoku shishigashira)
photo: H. J. Mayland

X30776-3 Roter Büffelkopf oder Ranchu mit weißer Schwanzflosse
Red Buffalohead or Ranchu with white caudal fin
Hong shi-tou (Hong lan-shou)
Shôjô ranchû
photo: B. Teichfischer

X30777-3 Roter Büffel- od. Chinesischer Löwenkopf m. Drachenaugen
Red Buffalohead or Chinese Lionhead with dragoneyes
Hong long-jing shi-tou
Akademe ranchû (Chûkoku shishigashira)
photo: Man Shek-hai

X30779-3 Rotweißer Büffelkopf oder Ranchu mit weißen Wangen
Red and White Buffalohead or Ranchu with white cheeks
Hong-bai shi-tou (Hong-bai lan-shou)
Shôjô ranchû
photo: H. J. Mayland

X30778-3 Rotweißer Büffelkopf oder Ranchu
Red and White Buffalohead or Ranchu
Hong-bai shi-tou (Hong lan-shou)
Sarasa ranchû

photo: B. Kahl

X30772-3 Eisenfarbiger Büffelkopf (Ranchu)
Ironcoloured Buffalohead (Ranchu)
Tie shi-tou (Tie lan-shou)
Tetsuiro ranchû

photo: F. Schäfer

X30772-3 Eisenfarbiger Büffelkopf (Ranchu)
Ironcoloured Buffalohead (Ranchu)
Tie shi-tou (Tie lan-shou)
Tetsuiro ranchû

photo: F. Schäfer

X33518-3 Schwarzer Büffelkopf (Ranchu), auch 'China Star'
Black Buffalohead (Ranchu), also called 'China Star'
Hei shi-tou (Hei lan-shou)
Kuroi ranchû

photo: Man Shek-hai

X30781-3 Schwarzer Löwenkopf (Büffelkopf) mit Rückenflosse
Black Lionhead (Buffalohead) with dorsal fin
Hong hei bei-qi shi-tou
Kuroi sebire ranchû

photo: Man Shek-hai

Ranchu in einem chinesischen Fachgeschäft
Ranchu in a Chinese goldfish shop

photo: A. Lim

X30782-3 Bronzefarbiger Büffelkopf oder Ranchu
Bronze Buffalohead or Ranchu
Zi shi-tou (Zi lan-shou)
Murasaki no ranchû

photo: Man Shek-hay

X33518-6 Schwarzer Büffelkopf (Ranchu), auch 'China Star'
Black Buffalohead (Ranchu), also called 'China Star'
Hei shi-tou (Hei lan-shou)
Kuroi ranchû

photo: Man Shek-hai

X33516-4 Weißer Büffelkopf oder Chinesischer Löwenkopf
White Buffalohead or Chinese Lionhead
Bai shi-tou
Shiroi ranchû (Chûkoku shishigashira)

photo: B. Teichfischer

X33516-2 Weißer Büffelkopf oder Chinesischer Löwenkopf
White Buffalohead or Chinese Lionhead
Bai shi-tou
Shiroi ranchû (Chûkoku shishigashira)

photo: F. Schäfer

X30784-4 Weißer Büffelkopf oder Ranchu
White Buffalohead or Ranchu
Bai shi-tou (Bailan-shou)
Shiroi ranchû
photo: Man Shek-hai

Ranchu-Zuchtbetrieb in Fuzhou
Ranchu Fishfarm in Fuzhou
photo: A. Lim

X30778-3 Rotweißer Büffelkopf oder Ranchu
Red and White Buffalohead or Ranchu
Hua shi-tou (Hua lan-shou)
Sarasa ranchû
photo: Y. Kobayashi

X30778-3 Rotweißer Büffelkopf oder Ranchu
Red and White Buffalohead or Ranchu
Hua shi-tou (Hua lan-shou)
Sarasa ranchû
photo: B. Kahl

X30778-3 Rotweißer Büffelkopf oder Ranchu
Red and White Buffalohead or Ranchu
Hua shi-tou (Hua lan-shou)
Sarasa ranchû
photo: Man Shek-hai

X30778-5 Rotweißer Büffelkopf oder Ranchu
Red and White Buffalohead or Ranchu
Hua shi-tou (Hua lan-shou)
Sarasa ranchû
photo: Man Shek-hai

X30786-3 Orangeweißer Büffelkopf oder Ranchu
Orange and White Buffalohead or Ranchu
Hua shi-tou (Hua lan-shou)
Sarasa ranchû
photo: B. Teichfischer

X30786-3 Orangeweißer Büffelkopf oder Ranchu
Orange and White Buffalohead or Ranchu
Hua shi-tou (Hua lan-shou)
Sarasa ranchû
photo: Mainland Tropical Fish Farm

X30787-3 Rotweißer Büffelkopf oder Ranchu mit Pompon
Red and White Buffalohead or Ranchu with Pompon
Hua rong-qiu shi-tou (Hua rong-qiu lan-shou)
Ozuki sarasa ranchû (Bohnenmuster R. / Beanpattern R.)
photo: Y. Kobayashi

X30778-4 Rotweißer Büffelkopf oder Ranchu
Red and White Buffalohead or Ranchu
Hua shi-tou (Hua lan-shou)
Sarasa ranchû
photo: Y. Kobayashi

X30778-3 Rotweißer Büffelkopf oder Ranchu
Red and White Buffalohead or Ranchu
Hua shi-tou (Hua lan-shou)
Sarasa ranchû
photo: B. Kahl

X30788-3 Roter Büffelkopf od. Ranchu m. weißem Kopf u. Lippenstift
Red Buffalohead or Ranchu with white head and lipstick
Bai-tou hong shi-tou (Bai-tou hong lan-shou)
Kuchibeni ranchû
photo: Man Shek-hai

X30789-5 Rotweißer Büffelkopf mit weißem Kopf und Bauch
Red and White Buffalohead with white head and belly
Hong-bai shi-tou (Hong lan-shou)
Kuchibeni ranchû (Lippenstift R. / Lipstick R.)
photo: B. Teichfischer

X30790-3 Roter Jadeträger Büffelkopf oder Ranchu
Red Jadebearer Buffalohead or Ranchu
Hong yu-tou shi-tou (Yu-yin-ding lan-shou)
Sarasa ranchû
photo: B. Teichfischer

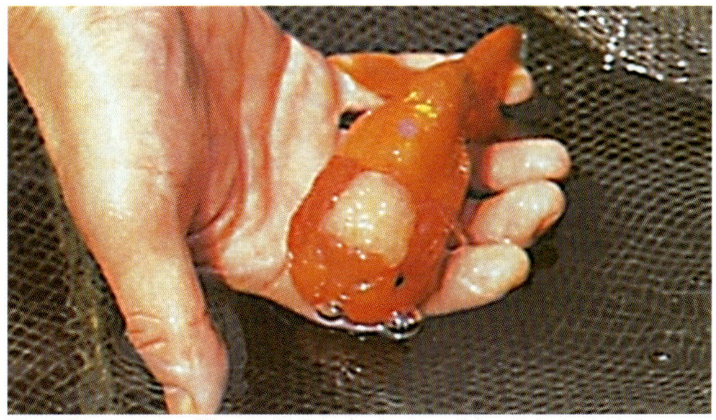

X30791-3 Rotweißer Büffelkopf oder Ranchu mit Jadesiegel
Red and White Buffalohead or Ranchu with Jade Seal
Yu-yin-ding shi-tou (Yu-yin-ding lan-shou)
Sarasa ômado ranchû
photo: Man Shek-hai

X30785-3 Rotweißer Büffelkopf oder Ranchu
Red and White Buffalohead or Ranchu
Hua shi-tou (Hua lan-shou)
Sarasa ranchû
photo: Y. Kobayashi

X30785-4 Rotweißer Büffelkopf oder Ranchu
Red and White Buffalohead or Ranchu
Hua shi-tou (Hua lan-shou)
Sarasa ranchû
photo: Y. Kobayashi

Goldfischgeschäft in Hong Kong.
Goldfish shop in Hong Kong.

photo: A. Lim

X30785-3 Rotweißer Büffelkopf oder Ranchu
Red and White Buffalohead or Ranchu
Hua shi-tou (Hua lan-shou)
Sarasa ranchû
photo: Man Shek-hai

X30785-3 Rotweißer Büffelkopf oder Ranchu
Red and White Buffalohead or Ranchu
Hua shi-tou (Hua lan-shou)
Sarasa ranchû
photo: Man Shek-hai

X30786-4 Orangeweißer Büffelkopf oder Ranchu mit rotem Kopf
Orange and White Buffalohead or Ranchu with red head
Hua shi-tou (Hua lan-shou)
Sarasa ranchû
photo: Man Shek-hai

X30786-4 Orangeweißer Büffelkopf od. Ranchu m. weißem Rücken
Orange and White Buffalohead or Ranchu with white back
Hua shi-tou (Hua lan-shou)
Sarasa ranchû
photo: Man Shek-hai

X30786-3 Orangeweißer Ranchu mit oranger Schulter und Kopf
Orange and White Ranchu with orange shoulder and head
Hua shi-tou (Hua lan-shou)
Menkaburi ranchû
photo: Man Shek-hai

X30795-3 Rotweißer Perlmutt oder Kirschblüten Ranchu
Red and White Nacreous or Cherryblossom Ranchu
Hong-bai ban-tuo-ming shi-tou, Bo-li hua shi-tou (lan-shou)
Sakuranishiki
photo: A. Lim

X30795-3 Rotweißer Perlmutt oder Kirschblüten Ranchu
Red and White Nacreous or Cherryblossom Ranchu
Hong-bai ban-tuo-ming shi-tou, Bo-li hua shi-tou (lan-shou)
Sakuranishiki
photo: Y. Kobayashi

X30795-3 Rotweißer Perlmutt oder Kirschblüten Ranchu
Red and White Nacreous or Cherryblossom Ranchu
Hong-bai ban-tuo-ming shi-tou, Bo-li hua shi-tou (lan-shou)
Sakuranishiki
photo: Y. Kobayashi

X30795-3 Rotweißer Büffelkopf oder Kirschblüten Ranchu
Red and White Buffalohead or Ranchu
Hong-bai shi-tou (Hong-bai lan-shou)
Sakuranishiki
photo: H. J. Mayland

X30796-3 Weißer Büffelkopf od. Ranchu m. rotem (bedecktem) Kopf
White Buffalohead or Ranchu with red (covered) head
Hong tou bai shi-tou (Hong tou bai lan-shou)
Menkaburi ranchû
photo: Y. Kobayashi

X30796-3 Weißer Büffelkopf od. Ranchu m. rotem (bedecktem) Kopf
White Buffalohead or Ranchu with red (covered) head
Hong tou bai shi-tou (Hong tou bai lan-shou)
Menkaburi ranchû
photo: Y. Kobayashi

X30796-3 Weißer Büffelkopf od. Ranchu m. rotem (bedecktem) Kopf
White Buffalohead or Ranchu with red (covered) head
Hong tou bai shi-tou (Hong tou bai lan-shou)
Menkaburi ranchû
photo: Y. Kobayashi

X30796-3 Weißer Büffelkopf od. Ranchu m. rotem (bedecktem) Kopf
White Buffalohead or Ranchu with red (covered) head
Hong tou bai shi-tou (Hong tou bai lan-shou)
Menkaburi ranchû
photo: Man Shek-hai

X30796-3 Weißer Büffelkopf od. Ranchu m. rotem (bedecktem) Kopf
White Buffalohead or Ranchu with red (covered) head
Hong tou bai shi-tou (Hong tou bai lan-shou)
Menkaburi ranchû
photo: Man Shek-hai

X30797-3 Rotweißer Büffelkopf oder Ranchu aus Fuzhou
Red and White Buffalohead or Ranchu from Fuzhou
Hong-bai shi-tou (Hong-bai lan-shou)
Sarasa ranchû
photo: A. Lim

X33517-3 Weißer Büffelkopf oder Ranchu mit rotem Kopf
White Buffalohead or Ranchu with red head
Hong tou bai shi-tou (Hong tou bai lan-shou)
Menkaburi ranchû
photo: B. Teichfischer

X30798-3 Rote Kranichkronen Büffelkopf od. chinesischer Löwenkopf
Red Crane Crest Buffalohead or Chinese Lionhead
He-ding-hong shi-tou
Tancho ranchû (Chûkoku shishigashira)
photo: Man Shek-hai

X30798-3 Rotscheitel Büffelkopf oder Chinesischer Löwenkopf
Red Crest Buffalohead or Chinese Lionhead
Hong-ding shi-tou
Tanchô ranchû (Chûkoku shishigashira)
photo: B. Teichfischer

X30798-3 Rotscheitel Büffelkopf oder Chinesischer Löwenkopf
Red Crest Buffalohead or Chinese Lionhead
Hong-ding shi-tou
Tanchô ranchû (Chûkoku shishigashira)
photo: B. Teichfischer

X30799-4 Rotköpfiger Weißer Büffelkopf oder Chinesischer Löwenkopf
Red Headed White Buffalohead or Chinese Lionhead
Hong tou bai shi-tou
Menkaburi ranchû (Chûkoku shishigashira)

photo: Man Shek-hai

X30800-4 Weißer Ranchu mit rotem Scheiteln, Wangen und Lippen
White Ranchu with red crest, cheeks, and lips
Hong tou bai shi-tou (Hong tou bai lan-shou)
Tancho ranchû

photo: Man Shek-hai

X30801-3 Rotscheitel Perlmutt-Büffelkopf oder Ranchu
Red Crest Nacreous Buffalohead or Ranchu
He-ding-hong ban-tuo-ming shi-tou (lan-shou)
Tanchô han tômei ranchû
photo: Man Shek-hai

X30802-3 Weißer Büffelkopf oder Ranchu mit roten Flossen
White Buffalohead or Ranchu with red fins
Hong-qi bai shi-tou (lan-shou)
Aka-hire shiroi ranchû
photo: Man Shek-hai

X30798-4 Rote Kranichkronen Büffelkopf oder chinesischer Löwenkopf
Red Crane Crest Buffalohead or Chinese Lionhead
He-ding-hong shi-tou
Tanchô ranchû (Chûkoku shishigashira)
photo: Man Shek-hai

X30803-3 Rotschwarzer Büffelkopf oder chinesischer Löwenkopf
Red and Black Buffalohead or chinese lionhead
Hong-hei shi-tou
Akasumi ranchû (Chûkoku shishigashira)
photo: Man Shek-hai

X30803-3 Rotschwarzer Büffelkopf oder Chinesischer Löwenkopf
Red and Black Buffalohead or Chinese Lionhead
Hong-hei shi-tou
Akasumi ranchû (Chûkoku shishigashira)
photo: B. Teichfischer

X30804-3 Rotweißschwarzer Perlmutt Büffelkopf mit Pompon
Red, White and Black Nacreous Buffalohead with Pompon
San-hua ban tuo-ming rong-qiu shi-tou
Sanshoku ranchû (Sakuranishiki) **photo:** Y. Kobayashi

X30805-3 Rotweißschwarzer Büffelkopf oder Ranchu
Red, White and Black Buffalohead or Ranchu
San-hua shi-tou (lan-shou)
Sanshoku ranchû **photo:** Y. Kobayashi

X30805-3 Rotweißschwarzer Büffelkopf oder Ranchu
Red, White and Black Buffalohead or Ranchu
San-hua shi-tou (lan-shou)
Sanshoku ranchû **photo:** H. J. Mayland

X30805-3 Rotweißschwarzer Büffelkopf oder Ranchu
Red, White and Black Buffalohead or Ranchu
San-hua shi-tou (lan-shou)
Sanshoku ranchû **photo:** H. J. Mayland

X30806-3 Fünffarbiger Büffelkopf oder chinesischer Löwenkopf
Calico (Variegated) Buffalohead or chinese lionhead
Wu-hua shi-tou
Kyariko ranchû (Chûkoku shishigashira) **photo:** Man Shek-hai

X33400-6 Edonishiki
Edonishiki
Cai-se lan-shou
Edonishiki **photo:** Mainland Tropical Fish Farm

X30807-3 Fünffarbiger Büffelkopf oder Ranchu
Calico (Variegated) Buffalohead or Ranchu
Wu-hua shi-tou (Wu-hua lan-shou)
Edonishiki **photo:** Man Shek-hai

X30807-3 Fünffarbiger Büffelkopf oder Ranchu
Calico (Variegated) Buffalohead or Ranchu
Wu-hua shi-tou (Wu-hua lan-shou)
Edonishiki **photo:** Y. Kobayashi

X30807-3 Fünffarbiger Büffelkopf oder Ranchu
Calico (Variegated) Buffalohead or Ranchu
Wu-hua shi-tou (Wu-hua lan-shou)
Edonishiki
photo: Y. Kobayashi

X30807-3 Fünffarbiger Büffelkopf oder Ranchu
Calico (Variegated) Buffalohead or Ranchu
Wu-hua shi-tou (Wu-hua lan-shou)
Edonishiki
photo: Y. Kobayashi

X30807-3 Fünffarbiger Büffelkopf oder Ranchu
Calico (Variegated) Buffalohead or Ranchu
Wu-hua shi-tou (Wu-hua lan-shou)
Edonishiki
photo: A. Lim

X30807-3 Fünffarbiger Büffelkopf oder Ranchu
Calico (Variegated) Buffalohead or Ranchu
Wu-hua shi-tou (Wu-hua lan-shou)
Edonishiki
photo: Y. Kobayashi

X30807-3 Fünffarbiger Büffelkopf oder Ranchu
Calico (Variegated) Buffalohead or Ranchu
Wu-hua shi-tou (Wu-hua lan-shou)
Edonishiki
photo: Y. Kobayashi

X30807-3 Fünffarbiger Büffelkopf oder Ranchu
Calico (Variegated) Buffalohead or Ranchu
Wu-hua shi-tou (Wu-hua lan-shou)
Edonishiki
photo: Y. Kobayashi

X30807-3 Fünffarbiger Büffelkopf oder Ranchu
Calico (Variegated) Buffalohead or Ranchu
Wu-hua shi-tou (Wu-hua lan-shou)
Edonishiki
photo: Y. Kobayashi

X30807-3 Fünffarbiger Büffelkopf oder Ranchu
Calico (Variegated) Buffalohead or Ranchu
Wu-hua shi-tou (Wu-hua lan-shou)
Edonishiki
photo: Y. Kobayashi

X33445-3 Roter Himmelsgucker
Red Celestial
Hong chao-tian-yan
Akai chôtengan

photo: H. J. Mayland

X30809-3 Mattoranger Himmelsgucker
Orange Celestial, matt
Cheng-huang tuo-ming chao-tian-yan
Orenji tômei chôtengan

photo: Man Shek-hai

X30810-3 Oranger Himmelsgucker
Orange Celestial
Cheng-huang chao-tian-yan
Orenji chôtengan

photo: Man Shek-hai

X33445-3 Roter Himmelsgucker
Red Celestial
Hong chao-tian-yan
Akai chôtengan

photo: B. Teichfischer

X33445-3 Roter Himmelsgucker
Red Celestial
Hong chao-tian-yan
Akai chôtengan

photo: B. Teichfischer

Tung Hoi Aquarium Company in Guang-dong, die berühmte Goldfischfarm der Brüder Jackie und Louis Chan. Jeweils zwischen zwei Reihen von Becken befindet sich ein Bewässerungskanal, durch welchen Frischwasser aus dem Perlfluß zugeführt wird.

Tung Hoi Aquarium Company in Guang-dong, the fameous Golfish-farm of the brothers Jackie and Louis Chan. Alway between two rows of tanks there are irigation ducts, providing a constant supply of fresh water from the Perlriver located nearby. **photo:** A. Lim

X33445-3 Roter Himmelsgucker
Red Celestial
Hong chao-tian-yan
Akai chôtengan
photo: B. Kahl

X30811-3 Oranger & Weißer Himmelsgucker (Codenummer: Mix)
Orange & White Celestial (codenumber: mix)
Cheng-huang & Bai chao-tian-yan
Orenji & Shiroi chôtengan
photo: Man Shek-hai

X30812-3 Rotweißer Himmelsgucker
Red and White Celestial
Hong-bai chao-tian-yan
Akashiro chôtengan
photo: B. Teichfischer

X30812-3 Rotweißer Himmelsgucker
Red and White Celestial
Hong-bai chao-tian-yan
◁ Sarasa chôtengan
photo: Man Shek-hai

X33307-3 Rotschwarzer Himmelsgucker
Red and Black Celestial
Hong-hei chao-tian-yan
◁ Akasumi chôtengan
photo: Man Shek-hai

X30815-3 Rotweißer Himmelsgucker mit Rückenflosse
Red and White Celestial with dorsal fin
Hong-bai bei-qi chao-tian-yan
◁ Sarasa seibire chôtengan
photo: Man Shek-hai

X30816-3 Fünffarbiger Perlmutt Himmelsgucker mit Pompons (sehr selten)
Nacroceous Calico Celestial with pompons (extremly rare)
Cai-se han-tou-min rong-qiu chao-tian-yan
◁ (Nan tômei) Kyariko hanafusa chôtengan
photo: A. Lim

X33305-3 Verschiedene Blasenaugen
Mixed Bubble-Eyes
Shui-pao-yan
Suihôgan

photo: B. Teichfischer

X30817-3 Rotes Blasenauge mit weißen Flossenspitzen
Red Bubble-Eye with white fin tips
Hong shui-pao-yan
Akai suihôgan

photo: Man Shek-hai

X30817-3 Rotes Blasenauge mit weißen Flossenspitzen
Red Bubble-Eye with white fin tips
Hong shui-pao-yan
Aka suihôgan

photo: B. Teichfischer

X30818-3 Oranges Blasenauge mit weißen Flossenspitzen
Orange Bubble-Eye with white fin tips
Chen-huang shui-pao-yan
Orenji suihôgan

photo: B. Kahl

X30819-4 Rotes Blasenauge mit Rückenflosse und weißen Flossenspitzen
Red Bubble-Eye with dorsal fin and white fin tips
Hong bei-qi shui-pao-yan
Akai sebire suihôgan

photo: Man Shek-hai

X30817-3 Rotes Blasenauge mit weißen Flossenspitzen
Red Bubble-Eye with white fin tips
Hong shui-pao-yan
Akai suihôgan

photo: B. Teichfischer

X33306-3 Rotweißes Blasenauge
Red and White Bubble-Eye
Hong-bai shui-pao-yan
Sarasa suihôgan

photo: B. Teichfischer

X33309-6 Schwarzes Blasenauge
Black Bubble-Eye
Hei shui-pao-yan
Kuroi suihôgan

photo: Tu Xu Sundries / Archiv A.C.S.

X30822-3 Blaues Blasenauge
Blue Bubble-Eye
Lan shui-pao-yan
Raniro (aoi) suihôgan

photo: Man Shek-hai

X33309-3 Schwarzes Blasenauge
Black Bubble-Eye
Hei shui-pao-yan
Kurosuihôgan
photo: Man Shek-hai

X30823-3 Schwarzes Blasenauge mit Rotscheitel
Red Crown Black Bubble-Eye
Zhu-ding hei shui-pao-yan
Tanchô Kurosuihôgan
photo: Man Shek-hai

X33309-3 Schwarzes & Fünffarbiges (Kaliko) Blasenauge
X33308-3 Black & Calico (Variegated) Bubble-Eye
Hei & Wu-hua shui-pao-yan
Kuroi & Kyariko suihôgan
photo: B Teichfischer

X30821-3 Vier-Blasen Blasenauge (eine absolute Neuzüchtung)
Four Bubbles Bubble-Eye (a most recent new breed)
Shuang sui-pao-yan
Sô suihôgan
photo: A. Lim

X33307-3 Rotschwarzes Blasenauge
Red and Black Bubble-Eye
Hong-hei shui-pao-yan
Akasumi suihôgan
photo: B. Teichfischer

X30825-3 Rotschwarze Blasenaugen
Red and Black Bubble-Eyes
Hong-hei shui-pao-yan
Akasumi suihôgan
photo: Man Shek-hai

X33308-3 Fünffarbiges (Kaliko) Blasenauge
Calico (Variegated) Bubble-Eye
Wu-hua shui-pao-yan
Kyariko suihôgan
photo: B. Teichfischer

X33308-3 Fünffarbiges (Kaliko) Blasenauge
Calico (Variegated) Bubble-Eye
Wu-hua shui-pao-yan
Kyariko suihôgan
photo: B. Teichfischer

X33306-3 Rotweißes Blasenauge
Red and White Bubble-Eye
Hong-bai shui-pao-yan
Sarasa suihôgan
photo: B. Kahl

X33306-3 Rotweißes Blasenauge
Red and White Bubble-Eye
Hong-bai shui-pao-yan
Sarasa suihôgan
photo: Man Shek-hai

X33308-3 Fünffarbiges (Kaliko) Blasenauge
Variegated (Calico) Bubble-Eye
Wu-hua shui-pao-yan
Kyariko suihôgan
photo: Man Shek-hai

X33308-5 Fünffarbiges (Kaliko) Blasenauge
Variegated (Calico) Bubble-Eye
Wu-hua shui-pao-yan
Kyariko suihôgan
photo: Tu Xu Sundries / Archiv A.C.S.

X30827-3 Rotweißes Blasenauge mit Rückenflosse
Red and White Bubble-Eye with dorsal fin
Hong-bai bei-qi shui-pao-yan
Sarasa sebire suihôgan
photo: Man Shek-hai

X30828-3 Fünffarbiges (Kaliko) Blasenauge mit Rückenflosse
Variegated (Calico) Bubble-Eye with dorsal fin
Wu-hua bei-qi shui-pao-yan
Kyariko sebire suihôgan
photo: Man Shek-hai

X30829-3 Rotweißer Froschkopf (Blasenauge)
Red and White Frog-head (Bubble-Eye)
Hong-bai ha-ma-tou (shui-pao-yan)
Sarasa suihôgan
photo: Man Shek-hai

X30830-3 Roter Froschkopf und Rotes Blasenauge
X30826-3 Red Frog-head and Red Bubble-Eye
Hong ha-ma-tou & Hong shui-pao-yan
Akai suihôgan
photo: B. Teichfischer

X30830-4 Roter Froschkopf
Red Frog-head
Hong ha-ma-tou
Akai suihôgan
photo: Archiv A.C.S.

X30831-4 Blauer Froschkopf
Blue Frog-head
Lan ha-ma-tou
Raniro (Akai) suihôgan
photo: B. Teichfischer

X30832-3 Roter Froschkopf mit Rückenflosse
Red Frog-head with dorsal fin
Hong bei-qi ha-ma-tou
Akai seibire suihôgan
photo: H. J. Mayland

Ergänzungen/*supplements*
hier einkleben

Aqualog *Bücher & Zeitung*
jetzt auch im Net:

http:// www. aqualog. de
mit Informationen zu den Ergänzungen
und Neuerscheinungen

Supplements/stickers
Please attach here

Aqualog *books & news*
now in the Internet

http:// www. aqualog. de
the latest information on supplements
and new publications

Ergänzungen/*supplements*
hier einkleben

Aqualog *Bücher & Zeitung*
jetzt auch im Net:

http:// www. aqualog. de
mit Informationen zu den Ergänzungen
und Neuerscheinungen

Supplements/stickers
Please attach here

Aqualog *books & news*
now in the Internet

http:// www. aqualog. de
the latest information on supplements
and new publications

Ergänzungen/*supplements*
hier einkleben

Aqualog *Bücher & Zeitung*
jetzt auch im Net:

http:// www. aqualog. de
mit Informationen zu den Ergänzungen
und Neuerscheinungen

Supplements/stickers
Please attach here

Aqualog *books & news*
now in the Internet

http:// www. aqualog. de
the latest information on supplements
and new publications

Ergänzungen/*supplements*
hier einkleben

Aqualog *Bücher & Zeitung*
jetzt auch im Net:

http:// www. aqualog. de
mit Informationen zu den Ergänzungen und Neuerscheinungen

Supplements/stickers
Please attach here

Aqualog *books & news*
now in the Internet

http:// www. aqualog. de
the latest information on supplements and new publications

Halten Sie Ihr Aqualog-Lexikon über Jahre aktuell

Keep your Aqualog-Lexicon up-to-date for years

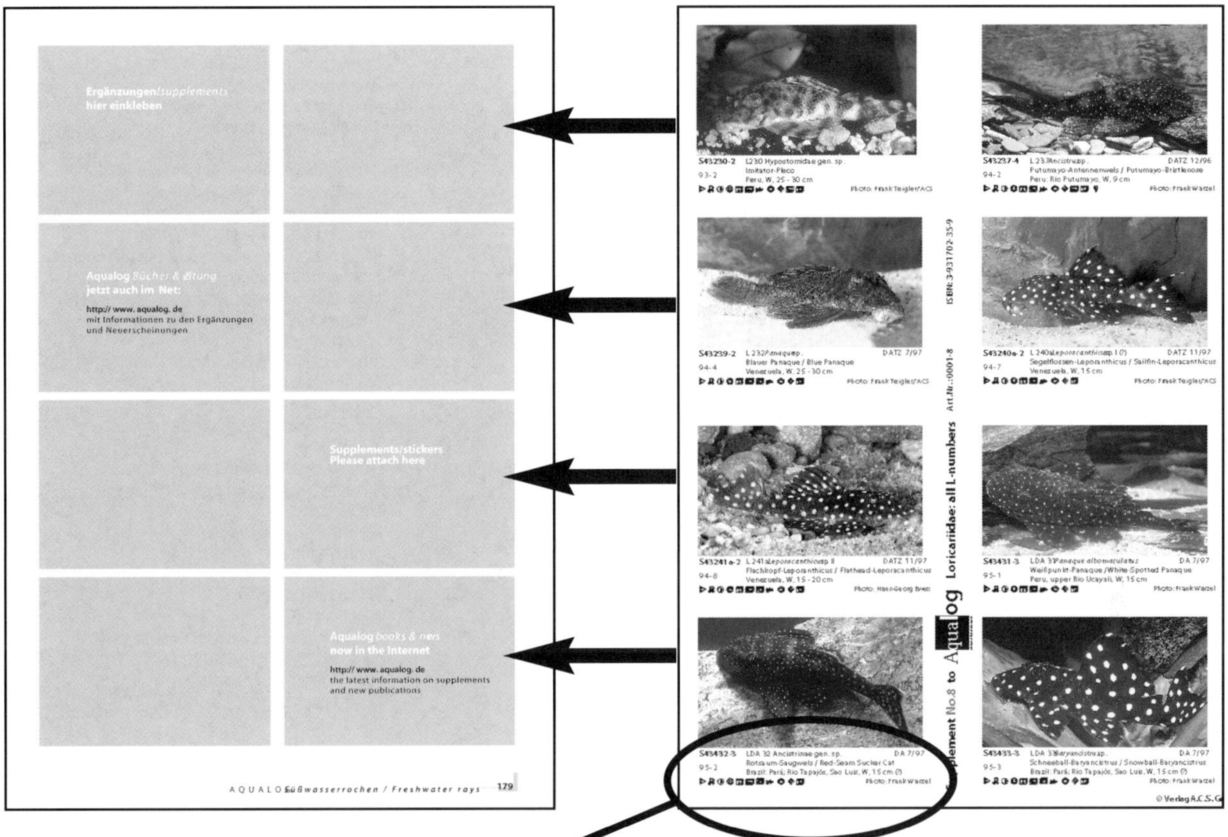

① **S43432-3** LDA 32 Ancistrinae gen. sp. DA 7/97
② 170/95-2 Rotsaum-Saugwels / Red-Seam Sucker Cat
Brazil: Pará; Rio Tapajós, Sao Luis, W, 15 cm (?)
③ Foto: Frank Warzel ④

① **Code Nummer**
Code number

② **1. Zahl**: fortlaufende Bildnummer
1. number*: continuous picture number*

2. Zahl: Seitennummer im Buch
2. number*: page number in the book*

3. Zahl: Bildnummer auf der Seite (durchlaufend numeriert von 1–8 von oben links nach unten rechts)
3. number: *picture number on the page (continuously numbered from 1–8 from the top left corner to bottom right)*

③ **Symbol Leiste**
Aqualog-Bücher
Symbol text
(Aqualog-books)

④ **Bildautor**
Photographer

Die Flutwelle neuer oder neu-importierter Arten reißt nicht ab. Daher haben wir uns entschlossen, Ergänzungsbögen mit je acht Einklebebildern zu einem Buch zu erstellen. Lieferbar über den guten Zoofachhandel und den Buchhandel zum Preis von DM 4,80 pro Stück. Viel Freude damit!

The flood of new or newly-imported species doesn´t stop. So we have decided to print supplements with eight stickers each (each supplement contains pictures for a single volume of AQUALOG). They can be ordered at well-equipped pet shops or in any book shop. We hope you enjoy them!

Bitte beachten Sie nebenstehendes Schema, bevor Sie die Bilder einkleben. Die Ergänzungen erscheinen nicht zwangsläufig in der Reihenfolge, in der sie eingeklebt werden, sondern in der Reihenfolge ihrer Verfügbarkeit. Wenn wir z. B. anfangs nur das Bild eines Weibchens als Ergänzung haben, jedoch sicher sind, früher oder später auch das Bild eines Männchens zu bekommen, sollte das Bildkästchen links vom Weibchenbild frei bleiben.

Please follow the scheme given here, before you stick in the pictures. The supplements are not necessarily in the correct order. For example: if we have only the photo of a female, but we are sure to get the photo of the male sooner or later, too, please keep the space to the left of the female free.

INDEX
alphabetisch / alphabetic

Achatauge 113
Agate Eye or Red Eyed Silver Dragoneye 113
Aka-hire shiroi ranchû 134
Akademe 77, 78
Akademe (nagai hire) 77
Akademe funa 45
Akademe ranchû 124
Akai bungyo 55, 56
Akai bungyo (nagai hire) 56
Akai chôtengan 137
Akai deme hanafusa 116
Akai han tômei ryukin 64
Akai hanafusa 116
Akai hanafusa bungyo 71
Akai hanafusa oranda 112
Akai hire 118
Akai kômado wakin 51
Akai nijû no hanafusa bungyo 70
Akai ômado oranda shishigashira 100
Akai oranda shishigashira 94 - 97
Akai pêrusukêru 71, 72, 76
Akai pêrusukêru (michikai hire) 71
Akai ryukin 64
Akai sebire suihôgan 141
Akai seibire suihôgan 144
Akai shukin 115
Akai suihôgan 140,141,144
Akai Tosakin 68, 69
Akame demekin 78
Akame gin deme oranda 113
Akashiro chôtengan 138,139
Akashiro hanafusa bungyo 71
Akasumi hanafusa chôtengan 119
Akasumi maruko 118
Akasumi (chôchô obire) deme 84
Akasumi bungyo 59
Akasumi chôtengan 139
Akasumi deme funa 45
Akasumi deme oranda 114
Akasumi demekin 83, 85
Akasumi demekin (michikai hire) 84
Akasumi demekin (nagai hire) 84
Akasumi funa 36
Akasumi hanafusa bungyo 70, 71
Akasumi hanafusa demekin 93
Akasumi kometo 43
Akasumi oranda 105
Akasumi oranda shishigashira 104, 105
Akasumi pêrusukêru 74
Akasumi ranchû 134
Akasumi ryukin 66
Akasumi sebire ranchu 105
Akasumi suihôgan 142
Akasumi Tosakin 69
Albinoid Dragoneye 78
Albinotisches Drachenauge 78
American Shubunkin 44
Amerikanischer Shubunkin 44
Aoi (chôchô obire) demekin (nagai hire) 77
Autumn Brocade 119
Azumanishiki (oranda) 110
Bai dan yu 117, 120
Bai dan-feng 117
Bai gao-tou 100
Bai he jin (cao jin yu) 50
Bai hu-tou 100
Bai ji 34
Bai long-jing 80
Bai long-jing he jin (cao jin yu) 53
Bai mao-zi(-tou) 100
Bai rong-qiu fan-sai wen-yu 71
Bai rong-qiu long-jing 92
Bai shi-tou 126, 127
Bai tuo-ming dan qiu 117
Bai tuo-ming he jin 50
Bai tuo-ming rong-qiu dan-yu 117
Bai tuo-ming wu-hua wen-yu 64
Bai wei hong liu jin 64
Bai wen yu 54
Bai yan wei 42
Bai-tou hong lan-shou 128
Bai-tou hong shi-tou 128
Bailan-shou 127
Ban tuo-ming san-hua wen-yu 62
Beanpattern Ranchu 128
Black & White Dragoneye 85, 86
Black & White Dragoneye with butterflytail 85, 86, 87
Black & White Dragoneye with long fins 85
Black & White Dragoneye with short fins 85, 86
Black & White Dragoneye with white pompons 93
Black & White Fringtail 59
Black & White Goldfish 39
Black & yellow Tosakin 69
Black and Bronze Pompon Eggphenix 118
Black and Gold Pearlscale 73
Black and White Highhead (Oranda) 106
Black and White Lionhead 106
Black and White Tigerhead with short fins 106, 107
Black Bubble-Eye 141, 142
Black Buffalohead (Ranchu) 125, 126
Black Dragoneye 78, 79, 80
Black Dragoneye Goldfish 45
Black Dragoneye with pompons 90, 91
Black Dragoneye with red pompons 92
Black Fringtail or Ryukin 65
Black High-Head with Dragon Eyes 113
Black Lionhead (Buffalohead) with dorsal fin 125
Black Lionhead (Oranda) 97, 98
Black Moor 78, 79, 80
Black Pearlscale 74
Black Perlscale High-Head with Dragon Eyes 113
Black Wakin 52
Blackgolden Comet 42
Blasenaugen, Mix 140
Blassbronzefarbiger Eierphönix 116
Blasspurpurner Schleierschwanz 57
Blau-Bronzener Löwenkopf 107, 108
Blau-Bronzenes Drachenauge 87
Blauer Fächerschwanz 56, 57
Blauer Froschkopf 144
Blauer Hochkopf (Oranda) mit langen Flossen 98
Blauer Löwenkopf (Oranda) mit normalen Flossen 98
Blauer Perlschupper (mit kurzer Beflossung) 72
Blauer Pompon Eierfisch 117
Blaues Blasenauge 141
Blaues Blasenauge mit Rückenflosse 93
Blaues Drachenauge 79
Blaues Drachenauge mit Pompons 91
Blaues Drachenauge mit Schmetterlingsschwanz 80
Blauköpfiger Löwenkopf 107
Blauköpfiger Rotweißer Löwenkopf 108
Blue & Bronze Dragoneye 87
Blue and Bronze Lionhead 107, 108
Blue Bubble-Eye 141
Blue Bubbleeye with dorsal fin 93
Blue Dragoneye 79
Blue Dragoneye with butterflytail 80
Blue Dragoneye with pompons 91
Blue Fantail 56, 57
Blue Frog-head 144
Blue High-Head (Oranda) with long fins 98
Blue Lionhead (Oranda) with normal fins 98
Blue Pearlscale (with short finage) 72
Blue Pompon Eggfish 117
Blue-Faced Lionhead 107
Blue-Faced Red and White Lionhead 108
Bo-li hong liu jin 64
Bo-li hua shi-tou (lan-shou) 130, 131
Bohnenmuster Ranchu 128
Brauner Fächerschwanz 57
Brauner Hochkopf (Oranda) 99
Brauner Perlschupper 73
Brauner Pompon-Fächerschwanz mit rotem Kopf 71
Brauner Tosakin 69
Bristol Shubunkin 45
Bronce Coloured Double-Pompon Fringtail 70
Bronce Coloured Fringtail or Ryukin 58, 65
Bronce Coloured Pompon Fringtail 70
Bronze Cap Fish 99
Bronze Buffalohead or Ranchu 126
Bronze Dragoneye 80
Bronze Dragoneye with pompons 91
Bronze Dragoneye with pompons and curled opercula 91
Bronze Dragoneye with red pompons 92
Bronze High-Head 99
Bronze High-Head or Cap Fish 98
Bronze High-Head with Dragon Eyes 113
Bronze Pearlscale (with long finage) 72
Bronze Pearlscale (with short finage) 73
Bronze Pompon Eggphenix 117
Bronze Pompon High-Head with Dragon Eyes 113
Bronze Veiltail 57
Bronze-blau-weisser Schleierschwanz 60
Bronze-blauer Fransenschwanz 60
Bronze-blue Fringtail 60
Bronze-blue-white Veiltail 60
Bronze-Coloured Red Crest Tigerhead 107
Bronze-Coloured Tigerhead with Pompons 113
Bronze-weißer Fächerschwanz 60
Bronze-white Fantail 60
Bronzecoloured Fantail 58
Bronzefarbener Fächerschwanz 58
Bronzefarbener Hochkopf 99
Bronzefarbener Hochkopf oder Kappenfisch 98
Bronzefarbener Kappenfisch 99
Bronzefarbiger Büffelkopf oder Ranchu 126
Bronzefarbiger Doppel-Pompon Fransenschwanz 70
Bronzefarbiger Fransenschwanz oder Ryukin 58, 65
Bronzefarbiger Hochkopf mit Drachenaugen 113
Bronzefarbiger Perlschupper (mit kurzer Beflossung) 73
Bronzefarbiger Perlschupper (mit langer Beflossung) 72
Bronzefarbiger Pompon Eierphönix 117
Bronzefarbiger Pompon Hochkopf mit Drachenaugen 113
Bronzefarbiger Pompon-Fransenschwanz 70
Bronzefarbiger Rotscheitel Tigerkopf 107
Bronzefarbiger Schleierschwanz 57
Bronzefarbiger Tigerkopf mit Pompons 113
Bronzefarbiges Drachenauge 80
Bronzefarbiges Drachenauge m. Pompons u. Quellkiemen 91
Bronzefarbiges Drachenauge mit Pompons 91
Bronzefarbiges Drachenauge mit roten Pompons 92
Brown Fantail 57
Brown High-Head (Oranda) 99
Brown Pearlscale 73
Brown Pompon Fantail with red head 71
Brown Tosakin 69
Bubbleyes, mix 140
Cai-se han-tou-min rong-qiu chao-tian-yan 139
Cai-se lan-shou 135
Calico Fantail 62
Calico Fringtail 61, 62, 63
Calico Veiltail 62
Calico (or Variegated) Dragoneye Goldfish 45
Calico & Red and White Pompon Eggfish 119
Calico (Variegated) Comet, nacreous 44
Calico (Variegated) Wakin 52, 53
Calico Bubble-Eye 142, 143
Calico Bubble-Eye with dorsal fin 143
Calico Buffalohead or chinese lionhead 135
Calico Buffalohead or Ranchu 135,136
Calico Butterfly Tail Dragoneye with long fins 90
Calico Comet 44, 45
Calico Comet or Shubunkin, matt 44
Calico Dragoneye 88, 89, 90
Calico Dragoneye with butterflytail 88, 89
Calico Dragoneye with pompons 93
Calico Dragoneye without red and orange 87, 88
Calico Eggfish 120, 121
Calico Fringtail or Ryukin 67
Calico Fringtail or Ryukin with butterfly tail 67
Calico Fringtail or Ryukin with long fins 66, 67
Calico Fringtail or Ryukin, matt 68
Calico Fringtail, matt 63
Calico Goldfish or London Shubunkin, matt 41
Calico High-Head with Dragoneyes 114
Calico Lionhead 110, 111
Calico Lionhead with Red Crest 110
Calico Nacreous Fantail 62
Calico Pompon Eggfish 120
Calico Pompon Eggfish with Dragoneyes 119
Calico Pompon Eggfish with Pearlscales 119
Caliko Pearlscale 74, 75
Cao-qing zhen-zhu lin 73
Celestial, mix 138
Chairo bungyo 57
Chakin Oranda 99
Chakin Oranda 99
Chen-huang shui-pao-yan 140
Cheng-huang cao jin yu 38, 50
Cheng-huang chao-tian-yan 137
Cheng-huang dan yu 115
Cheng-huang gao-tou zhen-zhu-lin 75
Cheng-huang long-jing 77
Cheng-huang rong-qiu gao-tou 112
Cheng-huang shi-tou 124
Cheng-huang tu-zuo jin 68, 69
Cheng-huang tuo-ming chao-tian-yan 137

Cheng-huang tuo-ming die-wei long-jing 78
Cheng-huang wen-yu 55
China Star 125, 126
Chinese Lionhead 123
Chinesischer Löwenkopf 123
Chôchô obire kyariko ryukin 67
Chûkoku shishigashira 123,124,126, 134,135
Cometo Shubunkin 44
Common Goldfish, golden-red 34
Common Goldfish, goldenblack 36
Common Goldfish, goldenred with black spots 35, 36
Common Goldfish, matt / transparent 34
Common Goldfish, metallic white 34
Common Goldfish, mix 35
Common Goldfish, nacreous 34
Common Goldfish, orange coloured 34
Common Goldfish, pale yellow 34
Common Goldfish, yellowgolden 34
Da-ban lan-shou 122
Dan zi dan-feng 116
Dan-zi wen-yu 57
Deme pêrusukêru oranda 113
Dreifarbiger Fransenschwanz 61, 62, 63
Dreifarbiger Hochkopf-Perlschupper 76
Dreifarbiger Klemmschwanz 62
Dreifarbiger Löwenkopf 107, 109
Dreifarbiger Löwenkopf (Oranda) 102
Dreifarbiger Perlmuttfransenschwanz 62
Dreifarbiger Schleierschwanz 60, 61
Dreifarbiger Tigerkopf 109
Dreifarbiges Drachenauge 88
Dreifarbiges Drachenauge mit Schmetterlingsschwanz 87
Edojikin 54
Edonishiki 135,136
Eisenfarbiger Büffelkopf (Ranchu) 125
Eisenfarbiger Fransenschwanz 56
Eisenfarbiger Perlschupper 73
Eisenfarbiger Tigerkopf (Oranda) 99
Elstern Drachenauge mit Rotanteil 87
Elsternfarbiger Fransenschwanz 59
Elsternfarbiger Hochkopf 106
Elsternfarbiges Drachenauge 85, 86
Four Bubbles Bubble-Eye 142
Funa 33, 35, 36
Fünffarbiger (Kaliko) Perlmutt Schwalbenschwanz 44
Fünffarbiger (Kaliko) Wakin 52, 53
Fünffarbiger Büffelkopf oder chinesischer Löwenkopf 135
Fünffarbiger Büffelkopf oder Ranchu 135,136
Fünffarbiger Eierfisch 120, 121
Fünffarbiger Fächerschwanz 62
Fünffarbiger Fransenschwanz 61, 62, 63
Fünffarbiger Fransenschwanz oder Ryukin 67
Fünffarbiger Goldfisch (Shubunkin) m. kräftiger Rotfärbung 41
Fünffarbiger Goldfisch oder London Shubunkin 41
Fünffarbiger Goldfisch oder Shubunkin 41
Fünffarbiger Hochkopf 109,111,112
Fünffarbiger langflossiger Ryukin 66, 67
Fünffarbiger Löwenkopf 110, 111
Fünffarbiger Matter Schwalbenschwanz o. Shubunkin 44
Fünffarbiger Perlmutt Himmelsgucker mit Pompons 139
Fünffarbiger Perlmutt-Fächerschwanz 62
Fünffarbiger Perlschupper 74, 75
Fünffarbiger Pompon Eierfisch 120
Fünffarbiger Pompon Eierfisch mit Drachenaugen 119
Fünffarbiger Pompon Eierfisch mit Perlschuppen 119
Fünffarbiger Rotscheitel Hochkopf 110
Fünffarbiger Rotscheitel Löwenkopf 110
Fünffarbiger Ryukin mit Schmetterlingsschwanz 67
Fünffarbiger Schleierschwanz 62
Fünffarbiger Schwalbenschwanz 44, 45
Fünffarbiger und Rotweißer Pompon Eierfisch 119
Fünffarbiges (Kaliko) Drachenauge 45
Fünffarbiges Blasenauge 142, 143
Fünffarbiges Blasenauge mit Rückenflosse 143
Fünffarbiges Drachenauge 88, 89, 90
Fünffarbiges Drachenauge mit Pompons 93
Fünffarbiges Drachenauge mit Schmetterlingsschwanz 88, 89
Fünffarbiges Drachenauge ohne rot und orange 87, 88
Fünffarbiges Schmetterlingsschwanz Drachenauge m. langen Flossen 90
Gelber Goldfisch (Gelbkarpfen) mit metallischen Schuppen 35
Gelber Wakin 38, 50
Gewöhnlicher Goldfisch, blassgelb 34
Gewöhnlicher Goldfisch, gelbgold 34
Gewöhnlicher Goldfisch, matt / transparent 34
Gewöhnlicher Goldfisch, metallisch teilbeschuppt 34
Gewöhnlicher Goldfisch, metallisch weiß 34
Gewöhnlicher Goldfisch, Mix 35
Gewöhnlicher Goldfisch, orangefarbig 34
Gewöhnlicher Goldfisch, rotgold 34
Gewöhnlicher Goldfisch, rotgold mit schwarzen Flecken 35, 36
Gewöhnlicher, goldschwarzer Goldfisch 36
Gold & Black Dragoneye 83
Gold-Wraped-in-Iron Dragoneye Highhead 114
Gold-Wraped-in-Iron Highhead 105
Golden Red Lionhead (Oranda) 95
Goldfish (wild coloured) 33
Goldfish with metallic coloration 33
Goldfish, matt (almost transparent) 33
Goldfish, matt and reticulated 33
Goldschwarzes Drachenauge 83
Gu-tong wen-yu 57, 58
Guan-gong-mian hua shi-tou 108
Hagoromo akinishiki 119
Hamanishiki 75
Han tômei kariko bungyo 62
Han tômei kometo shubunkin 44
Han tômei sanshoku bungyo 62
Hanafusa akademe 90
Hanafusa akademe (Hirugaesu agito) 91
Hanafusa kurodeme 90, 91, 92
Hanafusa oranda 112
He ding hong 103, 104
He-ding-hong ban-tuo-ming shi-tou (lan-shou) 134
He-ding-hong dan-feng 118
He-ding-hong shi-tou 132, 134
Hei (duan qi) zhen-zhu lin 72
Hei (feng-wei) zhen-zhu 72
Hei (zhang-qi) long-jing 79, 80
Hei (zhang-wei) zhen-zhu 72
Hei bai ji 39
Hei cao jin yu 52
Hei gao-tou long-jing 113
Hei he jin 52
Hei lan-shou 125, 126
Hei liu jin 65
Hei long-jing 78, 79, 80
Hei long-jing ji 45
Hei qi hong long-jing 85
Hei qi hong wen-yu 56
Hei rong-qiu long-jing 90, 91, 92
Hei shi-(zi-)tou 97, 98
Hei shi-tou 125, 126
Hei shui-pao-yan 141, 142
Hei zhen-zhu lin 74
Hei zhen-zhu-lin gao-tou long-jing 113
Hei-bai (duan-qi) hu-tou 106
Hei-bai (duan-qi) long-jing 85, 86
Hei-bai (zhang-qi) long-jing 85
Hei-bai die-wei long-jing 85, 86, 87
Hei-bai gao-tou 106
Hei-bai hu-tou 107
Hei-bai long-jing 85, 86, 87
Hei-bai rong-qiu long-jing 93
Hei-bai shi(-zi)-tou 106
Hei-jin yan wei 42
Hei-jin zhen-zhu-lin 73
Hei-yin hong-ding dan-feng 119
Hei-zi rong-qiu dan-feng 118
Herbstbrokat 119
Hibuna 34, 35
Himmelsgucker, Mix 138
Hirugaesu agito 71
Hisumi pêrusukêru 73
Hong (duan qi) zhen-zhu lin 71
Hong (zhang-qi) long-jing 77
Hong bai ji 37
Hong bai liu jin 65, 66
Hong bai rong-qiu fan-sai wen-yu 71
Hong bai tuo-ming ji 37, 38
Hong bai yan-wei 42, 43
Hong bai zhen-zhu lin 73
Hong bei-qi ha-ma-tou 144
Hong bei-qi shui-pao-yan 141
Hong chao-tian-yan 137
Hong dan yu 115
Hong e-tou 94-97
Hong gao-tou 94-97
Hong gao-tou dan-feng 115
Hong gao-tou zhen-zhu-lin 75, 76
Hong ha-ma-tou 144
Hong hei bei-qi shi-tou 105, 125
Hong hei liu jin 66
Hong hei zhen-zhu lin 74
Hong hu-tou 95
Hong lan-shou 123,124,128
Hong lian bai dan-feng 118
Hong liu jin 64
Hong long-jing 77, 78
Hong long-jing ji 45
Hong long-jing shi-tou 124
Hong mao-zi 94-97, 103, 104
Hong qi bai dan-feng 118
Hong qi bai liu jin 64
Hong rong-qiu dan-yu (Lan dan qiu) 116
Hong rong-qiu fan-sai long-jing 91
Hong rong-qiu gao-tou 112
Hong rong-qiu long-jing 90
Hong rong-qiu long-jing dan-yu (Lan dan qiu) 116
Hong shi-(zi-)tou 95, 96
Hong shi-tou 123,124
Hong shuang rong-qiu wen-yu 70
Hong shui-pao-yan 140, 141, 144
Hong tou bai lan-shou 131-133
Hong tou bai shi-tou 131-133
Hong tu-zuo jin 68, 69
Hong wen-yu 54, 55, 56
Hong wen-yu (zhang qi) 56
Hong yan yin long-jing 78, 113
Hong yu-tou shi-tou 129
Hong yu-yin shi-(zi-)tou 100
Hong zhen-zhu lin 71, 72
Hong zhen-zhu-lin gao-tou long-jing 113
Hong-bai (Hua) dan-feng 118
Hong-bai ban-tuo-ming rong-qiu dan-yu 117
Hong-bai ban-tuo-ming shi-tou 130, 131
Hong-bai bei-qi chao-tian-yan 139
Hong-bai bei-qi shi-tou 103
Hong-bai bei-qi shui-pao-yan 143
Hong-bai chao-tian-yan 138, 139
Hong-bai dan-yu 117
Hong-bai die-wei long-jing 81, 82, 83
Hong-bai gao-tou 102
Hong-bai gao-tou dan-feng 115, 118
Hong-bai gao-tou zhen-zhu-lin 76
Hong-bai gau-tou long-jing 113, 114
Hong-bai ha-ma-tou (shui-pao-yan) 144
Hong-bai hu-tou 101
Hong-bai lan-shou 124, 132
Hong-bai long-jing 80, 81, 82
Hong-bai rong-qiu wen-yu 70
Hong-bai shi-tou 97,100-103, 124,128,132
Hong-bai shui-pao-yan 141, 143
Hong-bai tuo-ming long-jing 82
Hong-bai tuo-ming shi-tou 101
Hong-bai yan-wei 44
Hong-bai zhen-zhu lin 73
Hong-ding bai dan-feng 118
Hong-hei (duan-qi) long-jing 84
Hong-hei (yu-yin) gao-tou 105
Hong-hei (zhang-qi) long-jing 84
Hong-hei chao-tian-yan 139
Hong-hei dan yu 118
Hong-hei die-wei long-jing 84
Hong-hei gao-tou 104
Hong-hei long-jing 83, 85
Hong-hei long-jing ji 45
Hong-hei rong-qiu chao-tian-yan 119
Hong-hei rong-qiu long-jing 93
Hong-hei rong-qiu wen-yu 70, 71
Hong-hei shi-tou 105, 134
Hong-hei shui-pao-yan 142
Hong-hei tu-zuo jin 69
Hong-hei yan-wei 43
Hong-hei-bai (san-hua) long-jing 88
Hong-hei-bai (San-hua) wen-yu 60, 61
Hong-qi bai dan-yu 120
Hong-qi bai he jin (cao jin yu) 51, 52
Hong-qi bai shi-tou (lan-shou) 134
Hong-tou bei-qi bai shi-tou 103
Hua (Hong-bai) tuo-ming wen-yu 58
Hua (Hong-bai) wen-yu 58, 59
Hua bo-li dan qiu 117
Hua dan-yu 120, 121, 122
Hua he jin (cao jin yu) 50, 51, 53
Hua ji 35, 37, 38
Hua lan-shou 124,125,127-129, 130
Hua rong-qiu lan-shou 128
Hua rong-qiu shi-tou 128
Hua shi(-zi)-tou 97, 100-103
Hua shi-tou 124,125,127-129, 130
Hua tu-zuo jin 69

Hua tuo-ming he jin (cao jin yu) 50
Hua tuo-mingshi(-zi)-tou 101
Hua wen-yu 59
Hua yan-wei 42, 43
Hua zhen-zhu lin 73
Huang ji 35
Huang-hei long-jing 83
Hung-bai rong-qiu fan-sai long-jing 92
Hung-bai rong-qiu long-jing 92
Hung-bai tuo-ming rong-qiu long-jing 92
Hung-hei ji 36
In-Eisen-gehülltes-Gold Hochkopf 105
In-Eisen-gehülltes-Gold Hochkopf mit Drachenaugen 114
Ironcoloured Buffalohead (Ranchu) 125
Ironcoloured Fringtail 56
Ironcoloured Pearlscale 73
Ironcoloured Tigerhead (Oranda) 99
Ji 33, 35, 36
Jikin 53, 54
Jin ji 34
Kaliko Blasenauge 142, 143
Kaliko Blasenauge mit Rückenflosse 143
Kaliko Büffelkopf oder chinesischer Löwenkopf 135
Kaliko Büffelkopf oder Ranchu 135,136
Kaliko bungyo 61, 62, 63
Kaliko demekin 87-90
Kaliko demekin (chôchô obire) 88, 89
Kaliko demekin (nagai hire chôchô obire) 90
Kaliko Drachenauge 88, 89, 90
Kaliko Drachenauge mit Pompons 93
Kaliko Drachenauge mit Schmetterlingsschwanz 88, 89
Kaliko Drachenauge ohne rot und orange 87, 88
Kaliko Eierfisch 120
Kaliko Fächerschwanz 62
Kaliko Fransenschwanz 61, 62, 63
Kaliko Fransenschwanz oder Ryukin 67
Kaliko hanafusa demekin 93
Kaliko Hochkopf mit Drachenaugen 114
Kaliko Löwenkopf 110, 111
Kaliko oder Fünffarbiger Pfauenschwanz (Jikin) 54
Kaliko Perlmutt-Fächerschwanz 62
Kaliko Perlschupper 74, 75
Kaliko Pompon Eierfisch 120
Kaliko Pompon Eierfisch mit Drachenaugen 119
Kaliko Pompon Eierfisch mit Perlschuppen 119
Kaliko Rotscheitel Löwenkopf 110
Kaliko Ryukin mit Schmetterlingsschwanz 67
Kaliko Schleierschwanz 62
Kaliko Schmetterlingsschwanz Drachenauge m. langen Flossen 90
Kariko bungyo 62
Kisumi demekin 83
Kometo 42
Kometo Shubunkin 45
Kong que wei (Di jin) 53, 54
Kuchibeni ranchû 128
Kurodeme 78, 79, 80
Kurodeme (nagai hire) 79, 80
Kurodeme funa 45
Kurodeme oranda 113
Kurodeme pêrusukêru oranda 113
Kurohire Akademekin 85
Kuroi oranda shishigashira 97, 98
Kuroi pêrusukêru 74
Kuroi pêrusukêru (Michikai hire) 72
Kuroi pêrusukêru (Nagai hire) 72
Kuroi ranchû 125, 126
Kuroi ryukin 65
Kuroi sebire ranchû 125
Kuroi suihôgan 141, 142
Kuroi to murasaki no hagoromo 118
Kuroshiro bungyo 59
Kuroshiro demekin 85, 86
Kuroshiro demekin (Chôchô obire) 85, 86, 87
Kuroshiro demekin (Michikai hire) 85, 86
Kuroshiro demekin (nagai hire) 85
Kuroshiro demekin (Panda demekin) 87
Kuroshiro hanafusa demekin 93
Kurzflossiger Schwarzer Perlschupper (m. Klemmschwanz) 72
Kyariko & Sarasa hanafusa 119
Kyariko deme funa 45
Kyariko deme hanafusa 119
Kyariko hanafusa 120
Kyariko hanafusa chôtengan (Nan tômei) 139
Kyariko Maruko 120
Kyariko Nankin 121
Kyariko oranda 114
Kyariko oranda shishigashira 109-112
Kyariko pêrusukêru 74, 75
Kyariko pêrusukêru hanafusa 119
Kyariko ranchû 135
Kyariko ryukin 67
Kyariko suihôgan 142, 143
Kyariko wakin 52, 53
Kyonoshiki 121
Lan (zhang-qi) gao-tou 98
Lan bei-qi shui-pao-yan 93
Lan chang-qi die-wei long-jing 77
Lan die-wei long-jing 80
Lan ha-ma-tou 144
Lan long-jing 79
Lan mian hong-bai shi-tou 108
Lan rong-qiu dan-yu (Lan dan qiu) 117
Lan rong-qiu long-jing 91
Lan shi-(zi-)tou 98
Lan shui-pao-yan 141
Lan tou hu-tou 107
Lan wen-yu 56, 57
Lan zhen-zhu lin (duan qi) 72
Langflossiger Schwarzer Perlschupper (m. Phönixschwanz) 72
Langflossiges Blaues Drachenauge m. Schmetterlingsschwanz 77
Langflossiges Schwarzes Drachenauge 79, 80
Lionheads, mix 106
Lippenstift Ranchu 128
Lipstick Ranchu 128
London Shubunkin 41
London Shubunkin 41
London Shubunkin (Variegated Carp) 41
London Shubunkin mit kräftiger Rotfärbung 40
London Shubunkin with dominant red colour 40
Long Fined Black Pearlscale (with phenix caudal fin) 72
Longfinned Black Dragoneye 79, 80
Longfinned Blue Dragoneye 77
Löwenköpfe, Mix 106
Ma-nao yan 113
Magpie Dragoneye with some red 87
Magpie Fringtail 59
Magpie-Coloured Dragoneye 85, 86
Magpie-Coloured High-Head 106
Maruko 115
Matt White Goldfish (with the black eye of the calico) 35
Matter Fünffarbiger (Kaliko) Fransenschwanz 63
Matter Fünffarbiger (Kaliko) Fransenschwanz oder Ryukin 68
Matter Fünffarbiger Goldfisch oder London Shubunkin 41
Matter Rotweißer Fransenschwanz 58
Matter Rotweißer Wakin (Triangel) 50
Matterweißer Kaliko Fransenschwanz 64
Mattes Fünffarbiges Drachenauge 90
Mattes Kaliko Drachenauge 90
Mattes Oranges Drachenauge m. Schmetterlingsschwanz 78
Mattes Rotweißes Drachenauge 82
Mattes Rotweißes Drachenauge mit Pompons 92
Mattoranger Himmelsgucker 137
Mattweißer Goldfisch (mit schwarzem Auge des Kaliko) 35
Mattweisser Kaliko Fächerschwanz 64
Mattweißer Pompon Eierfisch 117
Menkaburi ranchû 131, 132
Menkaburi ranchû (Chûkoku shishigashira) 133
Menô manako 113
Murasaki no hagoromo 116
Murasaki no hanafusa (nagahire) 117
Murasaki no hanafusa bungyo 70
Murasaki no ranchû 126
Musaki no deme hanafusa (nagahire) 117
Nacroceous Calico Celestial with pompons 139
Nan jing 120
Nankin 120, 121
Onaga 54
Onaga kyariko ryukin 66, 67
Oranda mit weißen Flossenrändern 94, 95, 96
Oranda shishigashira 107
Oranda with white fin borders 94, 95, 96
Orange and White Buffalohead or Ranchu 128, 130
Orange Bubble-Eye with white fin tips 140
Orange Buffalohead or Chinese Lionhead 124
Orange Celestial 137
Orange Celestial, matt 137
Orange Dragoneye 77
Orange Dragoneye, matt with butterfly tail 78
Orange Eggfish 115
Orange Highhead Pearlscale 75
Orange Pompon High-Head 112
Orange Tosakin 68
Orange Tosakin with brown tips of the fins 69
Orange Veiltail 55
Orange Wakin 50
Orangefarbiger Wakin 50
Oranger Büffelkopf oder Chinesischer Löwenkopf 124
Oranger Eierfisch 115
Oranger Himmelsgucker 137
Oranger Hochkopf-Perlschupper 75
Oranger Pompon Hochkopf 112
Oranger Schleierschwanz 55
Oranger Tosakin 68
Oranger Tosakin mit braunen Flossenspitzen 69
Oranges Blasenauge mit weißen Flossenspitzen 140
Oranges Drachenauge 77
Orangeweißer Büffelkopf oder Ranchu 128, 130
Orengi Wakin 50
Orenji (chôchô obire) demekin 78
Orenji bungyo 55
Orenji chôtengan 137
Orenji demekin 77
Orenji maruko 115
Orenji ranchû 124
Orenji suihôgan 140
Orenji tômei chôtengan 137
Orenji Tosakin 69
Orenji wakin 38, 50
Orenjii Tosakin 68
Osaka ranchu 122
Osaka ranchu 122
Ozuki sarasa ranchû 128
Pale Bronze Eggphenix 116
Pale Purple Veiltail 57
Panda demekin 85, 86, 87
Panda Drachenauge 85, 86
Panda Drachenauge mit Rotanteil 87
Panda Dragoneye 85, 86
Panda Dragoneye with some red 87
Panda Fransenschwanz 59
Panda Fringtail 59
Panda Lionhead 106
Panda Löwenkopf 106
Peacock-tail or Jikin 53, 54
Pearlscale, Mix 75
Perlschupper, Mix 75
Pfauenschwanz oder Jikin 53, 54
Purple Oranda 99
Purpurfarbiger Oranda 99
Raniro (Akai) suihôgan 144
Raniro (aoi) hanafusa 117
Raniro (aoi) suihôgan 141
Raniro (chôchô obire) demekin 80
Raniro bungyo 56, 57
Raniro hanafusa demekin 91
Raniro menkaburi no sarasa oranda shishigashira 108
Raniro menkaburi oranda shishigashira 107
Raniro oranda shishigashira 98
Raniro oranda shishigashira (nagai hire) 98
Raniro pêrusukêru (michikai hire) 72
Raniro sebire suihogan 93
Raniro to seidôiro demekin 87
Ranshoku demekin 79
Read & Black Pearlscale 74
Red & Black Dragoneye 83, 85
Red & Black Dragoneye Goldfish 45
Red & Black Dragoneye with butterflytail 84
Red & Black Dragoneye with red & black pompons 93
Red & Black Dragoneye with short fins 84
Red & Black Fringtail 59
Red & Black Fringtail or Ryukin 66
Red & Black Pompon Fantail 71
Red & Black Tosakin 69
Red & White Comet 42, 43
Red & White Crowned Pearlscale 76
Red & White Dragoneye 80, 81, 82
Red & White Dragoneye with butterflytail 81, 82, 83
Red & White Dragoneye with reticul. red colouring 81
Red & White Dragoneye with pompons 92
Red & White Dragoneye with pompons, matt 92
Red & White Dragoneye, matt 82
Red & White Fringtail 58
Red & White Fringtail or Ryukin 65, 66
Red & White Fringtail, matt 58
Red & White Goldfish 37, 38
Red & White Goldfish (metallic) 37
Red & White Goldfish, matt 37, 38
Red & White or Patterned Pearlscale 73
Red & White Pearlscale 73
Red & White Pompon Fantail with curled opercula 71
Red & White Tosakin 69
Red & White Wakin with jade seal 51
Red & White Wakin, matt 50
Red and Black Bubble-Eye 142

Red and Black Buffalohead (Ranchu) with dorsal fin 105
Red and Black Buffalohead or chinese lionhead 134
Red and Black Celestial 139
Red and Black Celestial with Pompon 119
Red and Black Comet 43
Red and Black Dragoneye with long fins 84
Red and Black Eggfish 118
Red and Black Fringtail 59
Red and Black Highhead (Oranda) 104
Red and Black Highhead (Oranda) with jade seal 105
Red and Black Lionhead (Oranda) 105
Red and Black Pompon Fringtail 70
Red and Black Veiltail 59
Red and Purple Pompon Eggphenix with Dragoneyes 117
Red and White Bubble-Eye 141, 143
Red and White Bubble-Eye with dorsal fin 143
Red and White Buffalohead (Ranchu) with dorsalfin 103
Red and White Buffalohead or Ranchu 124,125,127-129
Red and White Buffalohead or Ranchu from Fuzhou 132
Red and White Buffalohead or Ranchu with Jade Seal 129
Red and White Buffalohead or Ranchu with Pompon 128
Red and White Buffalohead or Ranchu with white cheeks 124
Red and White Buffalohead with white head and belly 128
Red and White Celestial 138, 139
Red and White Celestial with dorsal fin 139
Red and White Cherryblossom Ranchu 130, 131
Red and White Comet (with wide caudal fin) 44
Red and White Dragoneye with pompons and curled opercula 92
Red and White Eggfish 117, 120-122
Red and White Eggphenix 118
Red and White Frog-head (Bubble-Eye) 144
Red and White High-head (Oranda) 102
Red and White High-Head Eggphenix 118
Red and White High-Head with Dragon Eyes 113, 114
Red and White Highhead Eggphenix 115
Red and White Lionhead (Oranda) 97, 100-103
Red and White Mat Lionhead (Oranda) 101
Red and White Nacreous Pompon Eggfish 117
Red and White Nacreous Ranchu 130, 131
Red and White Osaka ranchu 122
Red and White Pompon Fringtail 70
Red and White Tigerhead (Oranda) 101
Red and White Wakin 50, 51, 53
Red Bubble-Eye 144
Red Bubble-Eye with dorsal fin and white fin tips 141
Red Bubble-Eye with white fin tips 140, 141
Red Buffalohead 123,124
Red Buffalohead or Chinese Lionhead 123
Red Buffalohead or Ranchu with perfect dorsal bending 123
Red Buffalohead or Ranchu with white head and lipstick 128
Red Buffalohead with dragoneyes 124
Red Buffalohead with white caudal fin 123,124
Red Cap Dragon Eye 114
Red Cap Eggphenix 118
Red Cap Fish 94-97
Red cap Fish or Red Crested Crane 103, 104
Red Cap White Pearlscale 73
Red Celestial 137
Red Chinese Lionhead with dragoneyes 124
Red Crane Crest Buffalohead 132, 134
Red Crane Crest Chinese Lionhead 132, 134
Red Crane Crest Eggphenix 118
Red Crest Buffalohead 132, 134
Red Crest Chinese Lionhead 132, 134
Red Crest Fringtail 59
Red Crest Nacreous Buffalohead or Ranchu 134
Red Crested Black Dragoneye Highhead 114
Red Crested White Dragoneye 83
Red Crown Black Bubble-Eye 142
Red Crowned Pearlscale 75
Red Dragoneye 77
Red Dragoneye Goldfish 45
Red Dragoneye with black fin borders 78
Red Dragoneye with black fins 85
Red Dragoneye with long fins 77
Red Dragoneye with pompons 90
Red Dragoneye with pompons and curled opercula 91
Red Dragoneye with pompons and white fin tips 90
Red Dragoneye with white fin ends 78
Red Eggfish 115, 122
Red Eyed Silver Dragoneye 113
Red Fringtail 55, 56, 64
Red Fringtail (with undesired long body) 54
Red Fringtail with black fins 56
Red Fringtail with white caudal fin 64
Red Frog-head 144
Red Frog-head with dorsal fin 144
Red Goosehead 94-97
Red Headed White Buffalohead (Ranchu) with dorsal fin 103
Red High-Head with Pompon 112
Red Highhead 94-97
Red Highhead Eggphenix 115
Red Highhead Pearlscale 76
Red Highhead with white fin borders 94, 95, 96
Red Jadebearer Buffalohead or Ranchu 129
Red Lionhead (Oranda) with jade seal 100
Red Lionhead (Oranda) with white fin borders 95, 96
Red Nacreous Fringtail or Ryukin 64
Red Oranda 94-97
Red Osaka ranchu 122
Red Pearlscale 71
Red Pearlscale (with short finage / pinchtail) 71
Red Pearlscale (with slight head growth) 72
Red Perlscale High-Head with dragoneyes 113
Red Pompon Eggfish 116
Red Pompon Eggfish with Dragoneyes 116
Red Pompon Fantail (with doubbled Pompon) 70
Red Pompon Fantail with curled opercula 71
Red Ranchu 123,124
Red Ranchu with white caudal fin 123,124
Red Ryukin 64
Red Tigerhead (Oranda) with white fin borders 95
Red Tosakin 68
Red Tosakin with white caudal fin border 68, 69
Red Veiltail with white borders of the fins 56
Red Veiltail with white lips and caudal (long fins) 56
Red, Black & White Goldfish 39, 40
Red, Black & White Goldfish, matt 40
Red, Black & White Goldfish, nacreous 40
Red, Black and White Lionhead 107, 109
Red, White & Black Fringtail or Ryukin 66
Red, White and Black Buffalohead or Ranchu 135
Red, White and Black Nacreous Buffalohead with Pompon 135
Red-white-black Fantail 60
Red-white-black Veiltail 60, 61
Reddishwhite Goldfish with reticulated scalage 35
Rokurin oranda shishigashira 101
Rokurin nankin 120
Rokurin ryukin 64
Rot-weiss-schwarzer Fächerschwanz 60
Rot-weiss-schwarzer Schleierschwanz 60, 61
Rotäugiges Silberdrachenauge 113
Rote Kranichkrone Eierphönix 118
Rote Kranichkronen Büffelkopf 132, 134
Rote Kranichkronen chinesischer Löwenkopf 132, 134
Roter Büffelkopf 123,124
Roter Büffelkopf m. Drachenaugen 124
Roter Büffelkopf mit weißer Schwanzflosse 123,124
Roter Büffelkopf od. Ranchu m. perfekter Rückenkrümmung 123
Roter Büffelkopf od. Ranchu m. weißem Kopf u. Lippenstift 128
Roter Büffelkopf oder Chinesischer Löwenkopf 123
Roter Chinesischer Löwenkopf m. Drachenaugen 124
Roter Eierfisch 115, 122
Roter Fransenschwanz 55, 56, 64
Roter Fransenschwanz (mit unerwünscht langem Körper) 54
Roter Fransenschwanz (Ryukin) mit weißer Schwanzflosse 64
Roter Fransenschwanz mit schwarzen Flossen 56
Roter Froschkopf 144
Roter Froschkopf mit Rückenflosse 144
Roter Gänsekopf 94-97
Roter Himmelsgucker 137, 138
Roter Hochkopf 94-97
Roter Hochkopf Eierphönix 115
Roter Hochkopf mit Pompon 112
Roter Hochkopf mit weißen Flossenrändern 94, 95, 96
Roter Hochkopf-Perlschupper 76
Roter Jadeträger Büffelkopf oder Ranchu 129
Roter Kappenfisch 94-97
Roter Kronen-Perlschupper 75
Roter Löwenkopf (Oranda) mit Jadesiegel 100
Roter Löwenkopf (Oranda) mit weißen Flossenrändern 95, 96
Roter Oranda 94-97
Roter Osaka ranchu 122
Roter Perlmutt Fransenschwanz oder Ryukin 64
Roter Perlschuppen-Hochkopf mit Drachenaugen 113
Roter Perlschupper 71
Roter Perlschupper (m. kurzer Beflossung/Klemmschwanz) 71
Roter Perlschupper (mit schwacher Kupfwucherung) 72
Roter Pompon Eierfisch 116
Roter Pompon Eierfisch mit Drachenaugen 116
Roter Pompon-Fächerschwanz (mit doppelten Pompon) 70
Roter Pompon-Fächerschwanz mit Quellkiemen 71
Roter Ranchu 123,124
Roter Ranchu mit weißer Schwanzflosse 123,124
Roter Ryukin 64
Roter Schleierschwanz mit weißen Flossenrändern 56
Roter Schleierschwanz mit weißen Lippen u. Schwanzflossen (langflossig) 56
Roter Tigerkopf (Oranda) mit weißen Flossenrändern 95
Roter Tosakin 68
Roter Tosakin mit weißem Schwanzflossensaum 68, 69
Roterweißer Kronen-Perlschupper 76
Rotes Blasenauge 144
Rotes Blasenauge mit Rückenflosse und weißen Flossenspitzen 141
Rotes Blasenauge mit weißen Flossenspitzen 140,141
Rotes Drachenauge 45, 77
Rotes Drachenauge m. Pompons u. weißen Flossenspitzen 90
Rotes Drachenauge mit langen Flossen 77
Rotes Drachenauge mit Pompons 90
Rotes Drachenauge mit Pompons und Quellkiemen 91
Rotes Drachenauge mit schwarzem Flossensaum 78
Rotes Drachenauge mit schwarzen Flossen 85
Rotes Drachenauge mit weißem Flossensaum 78
Rotgoldener Löwenkopf (Oranda) 95
Rotkappe oder Rote Kranichkrone 103, 104
Rotkappen Drachenauge 114
Rotköpfiger Chinesischer Löwenkopf 133
Rotköpfiger Weißer Büffelkopf 133
Rotköpfiger Weißer Büffelkopf (Ranchu) m. Rückenflosse 103
Rotpurpurner Pompon Eierphönix mit Drachenaugen 117
Rotscheitel Büffelkopf 132, 134
Rotscheitel Chinesischer Löwenkopf 132, 134
Rotscheitel Eierphönix 118
Rotscheitel Fransenschwanz 59
Rotscheitel Perlmutt-Büffelkopf oder Ranchu 134
Rotscheitel Perlschupper 73
Rotschwarzer Büffelkopf (Ranchu) mit Rückenflosse 105
Rotschwarzer Büffelkopf oder chinesischer Löwenkopf 134
Rotschwarzer Eierfisch 118
Rotschwarzer Fransenschwanz 59
Rotschwarzer Fransenschwanz oder Ryukin 66
Rotschwarzer Himmelsgucker 139
Rotschwarzer Himmelsgucker mit Pompons 119
Rotschwarzer Hochkopf (Oranda) 104
Rotschwarzer Hochkopf (Oranda) mit Jadesiegel 105
Rotschwarzer Komet 43
Rotschwarzer Löwenkopf (Oranda) 105
Rotschwarzer Perlschupper 74
Rotschwarzer Pompon-Fächerschwanz 71
Rotschwarzer Pompon-Fransenschwanz 70
Rotschwarzer Schleierschwanz 59
Rotschwarzer Tosakin 69
Rotschwarzes Blasenauge 142
Rotschwarzes Drachenauge 45
Rotschwarzes Drachenauge 83, 85
Rotschwarzes Drachenauge mit kurzen Flossen 84
Rotschwarzes Drachenauge mit langen Flossen 84
Rotschwarzes Drachenauge mit rotschwarzen Pompons 93
Rotschwarzes Drachenauge mit Schmetterlingschwanz 84
Rotschwarzweißer Löwenkopf 107, 109
Rotschwarzweißer Tigerkopf 109
Rotschwarzweißes Drachenauge 88
Rotweißer Büffelkopf (Ranchu) mit Rückenflosse 103
Rotweißer Büffelkopf mit weißem Kopf und Bauch 128
Rotweißer Büffelkopf oder Ranchu 124,125,127-129
Rotweißer Büffelkopf oder Ranchu aus Fuzhou 132
Rotweißer Büffelkopf oder Ranchu mit Jadesiegel 129
Rotweißer Büffelkopf oder Ranchu mit Pompon 128
Rotweißer Büffelkopf oder Ranchu mit weißen Wangen 124
Rotweißer Eierfisch 117, 120-122
Rotweißer Eierphönix 118
Rotweißer Fransenschwanz 58
Rotweißer Fransenschwanz oder Ryukin 65, 66
Rotweißer Froschkopf (Blasenauge) 144
Rotweißer Goldfisch 37, 38
Rotweißer Goldfisch (metallisch) 37
Rotweißer Himmelsgucker 138, 139
Rotweißer Himmelsgucker mit Rückenflosse 139
Rotweißer Hochkopf (Oranda) 102
Rotweißer Hochkopf Eierphönix 115, 118
Rotweißer Hochkopf mit Drachenaugen 113, 114
Rotweißer Kirschblüten Ranchu 130, 131

Rotweißer Komet 42, 43
Rotweißer Löwenkopf (Oranda) 97, 100-103
Rotweißer Matter Löwenkopf (Oranda) 101
Rotweißer oder Gemusterter Perlschupper 73
Rotweißer Osaka ranchu 122
Rotweißer Perlmutt Ranchu 130, 131
Rotweißer Perlmutt-Pompon Eierfisch 117
Rotweißer Perlschupper 73
Rotweißer Pompon-Fächerschwanz mit Quellkiemen 71
Rotweißer Pompon-Fransenschwanz 70
Rotweißer Schwalbenschwanz (mit breiter Schwanzflosse) 44
Rotweißer Tigerkopf (Oranda) 101
Rotweißer Tosakin 69
Rotweißer Wakin 50, 51, 53
Rotweißer Wakin mit Jadesigel 51
Rotweißer, matter Goldfisch 37, 38
Rotweißer, netzartig beschuppter Goldfisch 35
Rotweißes Blasenauge 141, 143
Rotweißes Blasenauge mit Rückenflosse 143
Rotweißes Drachenauge 80, 81, 82
Rotweißes Drachenauge m. Pompons u. Quellkiemen 92
Rotweißes Drachenauge mit netzartiger Rotfäbung 81
Rotweißes Drachenauge mit Pompons 92
Rotweißes Drachenauge mit Schmetterlingsschwanz 81, 82, 83
Rotweißschwarzer Büffelkopf oder Ranchu 135
Rotweißschwarzer Fransenschwanz oder Ryukin 66
Rotweißschwarzer Perlmutt Büffelkopf mit Pompon 135
Sabao Goldfish 46, 47
Sabao-Goldfisch 46, 47
Sakuranishiki 130, 131, 135
San-hua ban tuo-ming ji 40
San-hua ban tuo-ming rong-qiu shi-tou 135
San-hua die-wei long-jing 87
San-hua gao-tou zhen-zhu-lin 76
San-hua hu-tou 109
San-hua ji 39, 40
San-hua liu jin 66
San-hua shi(-zi)-tou 102, 107, 109
San-hua shi-tou (lan-shou) 135
San-hua tuo-ming ji 40
San-hua wen-yu 61, 62, 63
Sanshoku bungyo 60-63
Sanshoku demekin 88
Sanshoku demekin (chôchô obire) 87
Sanshoku funa 39, 40
Sanshoku han tômei funa 40
Sanshoku oranda 102
Sanshoku oranda shishigashira 107, 109
Sanshoku pêrusukêru 76
Sanshoku ranchû 135
Sanshoku ryukin 66
Sanshoku tômei funa 40
Sarasa 37, 38
Sarasa bungyo 58
Sarasa deme oranda 113, 114
Sarasa demekin 80, 81, 82
Sarasa demekin (Chôchô obire) 81, 82, 83
Sarasa funa 35
Sarasa hagoromo 118
Sarasa hamanishiki 76
Sarasa hanafusa 117
Sarasa hanafusa (Han tômei) 117
Sarasa hanafusa bungyo 70
Sarasa hanafusa demekin 92
Sarasa hanafusa demekin (hirugaesu agito) 92
Sarasa kometo 42-44
Sarasa ômado ranchû 129
Sarasa oranda shishigashira 97, 100-103
Sarasa pêrusukêru 73
Sarasa ranchû 124, 125, 127-129, 132
Sarasa ryukin 65, 66
Sarasa sebire oranda 103
Sarasa sebire suihôgan 143
Sarasa seibire chôtengan 139
Sarasa shukin 115, 118
Sarasa suihôgan 141, 143, 144
Sarasa tômei bungyo 58
Sarasa tômei demekin 82
Sarasa tosakin 69
Schwarzbronzener Pompon Eierphönix 118
Schwarzer Büffelkopf (Ranchu) 125, 126
Schwarzer Fransenschwanz oder Ryukin 65
Schwarzer Hochkopf mit Drachenaugen 113
Schwarzer Löwenkopf (Büffelkopf) mit Rückenflosse 125
Schwarzer Löwenkopf (Oranda) 97, 98
Schwarzer Perlschuppen-Hochkopf mit Drachenaugen 113
Schwarzer Perlschupper 74
Schwarzer Rotscheitel-Hochkopf mit Drachenaugen 114
Schwarzer Teleskop 78, 79, 80
Schwarzer Wakin 52
Schwarzes Blasenauge 141, 142
Schwarzes Blasenauge mit Rotscheitel 142
Schwarzes Drachenauge 45, 78-80
Schwarzes Drachenauge mit Pompons 90, 91
Schwarzes Drachenauge mit roten Pompons 92
Schwarzgelber Tosakin 69
Schwarzgoldener Komet 42
Schwarzgoldener Perlschupper 73
Schwarzsilberiger Rotscheitel Eierphönix 119
Schwarzweißer Fransenschwanz 59
Schwarzweißer Goldfisch 39
Schwarzweißer Hochkopf (Oranda) 106
Schwarzweißer Löwenkopf 106
Schwarzweißer Tigerkopf mit kurzen Flossen 106, 107
Schwarzweißes Drachenauge 85, 86
Schwarzweißes Drachenauge m. Schmetterlingsschwanz 85, 86, 87
Schwarzweißes Drachenauge mit kurzen Flossen 85, 86
Schwarzweißes Drachenauge mit langen Flossen 85
Schwarzweißes Drachenauge mit weißen Pompons 93
Schwarzweißroter gesprenkelter (o. perlmutt) Goldfisch 40
Schwarzweißroter Goldfisch 39, 40
Schwarzweißroter matter Goldfisch 40
Seidô-raniro oranda shishigashira 107, 108
Seidôiro bungyo 57, 58
Seidôiro deme hanafusa oranda 113
Seidôiro deme oranda 113
Seidôiro demekin 80
Seidôiro hanafusa bungyo 70, 71
Seidôiro hanafusa demekin 91, 92
Seidôiro hanafusa demekin (Hirugaesu agito) 91
Seidôiro hanafusa oranda 113
Seidôiro nijû no hanafusa bungyo 70
Seidôiro oranda shishigashira 98, 99
Seidôiro pêrusukêru 73
Seidôiro pêrusukêru (michikai hire) 73
Seidôiro pêrusukêru (nagai hire) 72
Seidôiro ryukin 58, 65
Seidôiro tanchô oranda shishigashira 107
Seidôiro to aoi bungyo 60
Seidôiro to shiroi bungyo 60
Seidôiro tosakin 69
Sesame Lionhead 112
Sesamlöwenkopf 112
Shi-er hong 101
Shiroi deme wakin 53
Shiroi demekin 80
Shiroi funa 34, 35
Shiroi hagoromo 117
Shiroi hanafusa bungyo 71
Shiroi hanafusa demekin 92
Shiroi maruko 117
Shiroi oranda shishigashira 100
Shiroi ranchû 126, 127
Shiroi tômei hanafusa 117
Shiroi tômei kariko bungyo 64
Shiroi tômei wakin 50
Shiroi wakin 50-52
Shirosumi funa 39
Shirosumi oranda shishigashira 106
Shirosumi oranda shishigashira (michikai hire) 106
Shôjô ranchû 123, 124
Shôjô ranchû (Chûkoku shishigashira) 123
Short Fined Black Pearlscale (with pinchtail) 72
Shubunkin 40, 41
Shubunkin with dominant red colour 41
Shubunkin, matt 41
Silberkarausche (wildfarbiger Goldfisch) 33
Silberkarausche mit metallischer Färbung 33
Silberkarausche, matt (fast transparent) 33
Silberkarausche, matt mit Netzzeichnung 33
Silverblack Red Crest Egg-phenix 119
Sumi wakin 52
Tanchô bungyo 59
Tancho Comet (Red Cap White Swallowtail) 43
Tanchô deme oranda 114
Tanchô demekin 83
Tancho hagoromo 118
Tanchô han tômei ranchû 134
Tancho Komet (Rotstirn-Schwalbenschwanz) 43
Tancho kometo 43
Tanchô kurodeme oranda 114
Tanchô kurosuihôgan 142
Tanchô oranda 103, 104
Tanchô pêrusukêru 73
Tancho ranchû 133
Tancho ranchû (Chûkoku shishigashira) 132, 134
Tancho shukin 118
Tetsugyo 56
Tetsuiro oranda shishigashira 99
Tetsuiro pêrusukêru 73
Tetsuiro ranchû 125
Tie hu-tou 99
Tie lan-shou 125
Tie shi-tou 125
Tie wen-yu 56
Tie-bao-jin gao-tou 105
Tie-bao-jin long-jing mao-zi 114
Tômei hibuna 34
Tômei kaliko demekin 90
Tômei kariko bungyo 63
Tômei kariko ryukin 68
Tômei sarasa 37, 38
Tômei sarasa oranda shishigashira 101
Tômei shiroi funa 35
Tômei shubunkin 41
Tômei wakin 50
Tosakin 69
Triplecoloured Dragoneye with butterflytail 87
Triplecoloured Fringtail 61, 62, 63
Triplecoloured Fringtail, nacreous 62
Triplecoloured Lionhead (Oranda) 102
Triplecoloured Pinchtail 62
Triplecoloured Veiltail 60
Triplecoloured Veiltail 61
Triple Coloured Highhead Pearlscale 76
Tu-zuo jin wen-yu 69
Tuo-ming bai ji 35
Tuo-ming jin ji 34
Tuo-ming wu hua liu jin 68
Tuo-ming wu-hua ji 41
Tuo-ming wu-hua wen-yu 63
Twelf-Times-Red 101
Variegated Bubble-Eye 142, 143
Variegated Bubble-Eye with dorsal fin 143
Variegated Buffalohead or chinese lionhead 135
Variegated Buffalohead or Ranchu 135, 136
Variegated Butterfly Tail Dragoneye with long fins 90
Variegated Dragoneye 88, 89, 90
Variegated Dragoneye with butterflytail 88, 89
Variegated Dragoneye with pompons 93
Variegated Dragoneye without red and orange 87, 88
Variegated Eggfish 120, 121
Variegated Fantail 62
Variegated Fringtail 61, 62, 63
Variegated Fringtail or Ryukin 67
Variegated Fringtail or Ryukin, matt 68
Variegated Fringtail, matt 63
Variegated High-Head 109, 111, 112
Variegated High-Head with Red Crest 110
Variegated Lionhead 110, 111
Variegated Lionhead with Red Crest 110
Variegated Nacreous Fantail 62
Variegated or Calico Peacock-tail (Jikin) 54
Variegated Pearlscale 74, 75
Variegated Pompon Eggfish 120
Variegated Pompon Eggfish with Dragoneyes 119
Variegated Pompon Eggfish with Pearlscales 119
Variegated Veiltail 62
Vier-Blasen Blasenauge 142
Violet Pompon Fantail 70
Violetter Pompon-Fächerschwanz 70
Wakin 50, 51, 53
Weiße Federrobe 117
Weißer & Rotscheitel Eierphönix mit roten Flossen 118
Weißer Büffelkopf od. Ranchu m. rotem (bedecktem) Kopf 131
Weißer Büffelkopf oder Ranchu 126, 127
Weißer Büffelkopf oder Ranchu mit rotem Kopf 132
Weißer Büffelkopf oder Ranchu mit roten Flossen 134
Weißer Chinesischer Löwenkopf 126
Weißer Eierfisch 117, 120
Weißer Eierfisch mit roten Flossen 120
Weißer Eierphönix 117
Weißer Fransenschwanz (mit unerwünscht langem Körper) 54
Weißer Fransenschwanz oder Ryukin mit roten Flossen 64
Weißer Hochkopf 100
Weißer Kappenfisch 100
Weißer Komet (Schwalbenschwanz) 42
Weißer Löwenkopf 100
Weißer Pelmutt-Wakin 50
Weißer Pompon-Fächerschwanz mit Quellkiemen 71
Weißer Ranchu mit rotem Scheiteln, Wangen und Lippen 133
Weißer Tigerkopf (Oranda) 100
Weißer Wakin 50

Weißer Wakin mit Drachenaugen 53
Weißer Wakin mit roten Flossen 51, 52
Weißer Yadekopf 100
Weißes Drachenauge 80
Weißes Drachenauge mit Pompons 92
Weißes Drachenauge mit roten Pompons 92
Weißes Drachenauge mit Rotscheitel 83
White & Red Crest Eggphenix with red fins 118
White Buffalohead 126
White Buffalohead or Ranchu 127
White Buffalohead or Ranchu with red (covered) head 131
White Buffalohead or Ranchu with red fins 134
White Buffalohead or Ranchu with red head 132
White Calico Fantail, matt 64
White Calico Fringtail, matt 64
White Cap Fish 100
White Chinese Lionhead 126
White Comet (Swallowtail) 42
White Dragoneye 80
White Dragoneye with pompons 92
White Dragoneye with red pompons 92
White Eggfish 117, 120
White Eggfish with red fins 120
White Eggphenix 117
White Feather Robe 117
White Fringtail (with undesired long body) 54
White Fringtail or Ryukin with red fins 64
White High-Head 100
White Lionhead 100
White Mate Pompon Eggfish 117
White Nacreous Wakin 50
White Pompon Fantail with curled opercula 71
White Ranchu with red crest, cheeks, and lips 133
White Tigerhead (Oranda) 100
White Wakin 50
White Wakin with Dragoneyes 53
White Wakin with red fins 51, 52
White Yadehead 100
Wu hua ban tuo-ming yan wei 44
Wu Hua kong que wei (Di jin) 54
Wu hua liu jin 67
Wu-hua 119
Wu-hua 119
Wu-hua (cai-se) zhen-zhu lin 74, 75
Wu-hua ban tuo-ming wen-yu 62
Wu-hua dan qiu 120
Wu-hua dan-yu 120
Wu-hua die-wei liu jin 67
Wu-hua die-wei long-jing 88, 89
Wu-hua gao-tou 109, 111, 112
Wu-hua gao-tou long-jing 114
Wu-hua he jin (cao jin yu) 52, 53
Wu-hua ji 40, 41
Wu-hua lan-shou 121, 135, 136
Wu-hua long-jing 87-90
Wu-hua long-jing dan qiu 119
Wu-hua long-jing ji 45
Wu-hua rong-qiu dan-yu 120
Wu-hua rong-qiu long-jing 93
Wu-hua rong-qiu long-jing dan-yu 119
Wu-hua rong-qiu zhu-zhen dan-yu 119
Wu-hua shi(-zi)-tou 110, 111
Wu-hua shi-tou 112, 121, 135, 136
Wu-hua shui-pao-yan 142, 143
Wu-hua tuo-ming long-jing 90
Wu-hua tuo-ming yan-wei 44
Wu-hua wen-yü 61, 62, 63
Wu-hua yan-wei 44, 45
Wu-hua zhang qi liu jin 66, 67
Wu-hua zhang-qi die-wei long-jing 90
Wu-hua zhu-zhen dan qiu 119
Xi-que hua (hei-bai) wen-yü 59
Xi-que hua hu-tou 106, 107
Xi-que hua shi(-zi)-tou 106
Xi-que-hua (duan-qi) long-jing 85, 86
Xi-que-hua (zhang-qi) long-jing 85
Xi-que-hua die-wei long-jing 85, 86, 87
Xi-que-hua long-jing 85, 86, 87
Xi-que-hua rong-qiu long-jing 93
Xiong-mao hu-tou 107
Xiong-mao long-jing 85, 86
Xiong-mao shi(-zi)-tou 106
Yellow Goldfish (Yellow Carp) with nacreous scales 35
Yellow Wakin 38, 50
Yu zhen shi(-zi)-tou 100
Yu-yin-ding hong he jin (cao jin yu) 51
Yu-yin-ding lan-shou 129
Yu-yin-ding shi-tou 129
Zhu-ding bai gao-tou long-jing 114
Zhu-ding bai long-jing 83
Zhu-ding bai yan-wei 43
Zhu-ding bai zhen-zhu lin 73
Zhu-ding hei gao-tou long-jing 114
Zhu-ding hei shui-pao-yan 142
Zhu-ding hong qi bai dan-feng 118
Zhu-ding wen-yu 59
Zhu-ding wu-hua gao-tou 110
Zhu-ding wu-hua shi(-zi)-tou 110
Zhu-ding zi hu-tou 107
Zhu-ding zi-luo pao (hu-tou) 107
Zi (Gu-tong) rong-qiu wen-yu 70
Zi (Gu-tong) liu jin 58, 65
Zi (Gu-tong) shuang rong-qiu wen-yu 70
Zi gao-tou 98, 99
Zi gao-tou long-jing 113
Zi hu-tou 99
Zi lan-hua long-jing 87
Zi lan-hua shi-tou 107, 108
Zi lan-shou 126
Zi long-jing 80
Zi mao-zi(-tou) 98, 99
Zi rong-qiu dan-feng 117
Zi rong-qiu fan-sai long-jing 91
Zi rong-qiu gao-tou long-jing 113
Zi rong-qiu hu-tou 113
Zi rong-qiu long-jing 91, 92
Zi rong-qiu wen-yu 70, 71
Zi shi-tou 126
Zi tu-zuo jin 69
Zi wen-yu (shan wei) 57
Zi zhen-zhu lin 73
Zi zhen-zhu lin (duan qi) 73
Zi zhen-zhu lin (zhang qi) 72
Zi-bai wen-yu 60
Zi-hong rong-qiu long-jing dan-fen 117
Zi-lan long-jing 87
Zi-lan shi-tou 107, 108
Zi-lan wen-yu 60
Zi-lan-bai wen-yu 60
Zwölffach-Rot 101

INDEX

Code-Nummern / codenumbers

X30500 *33*
X30501 *33*
X30503 *33*
X30504 *33*
X30506 *45*
X30507 *45*
X30509 *45*
X30510 *50*
X30511 *50*
X30512 *38, 50*
X30513 *50, 51, 53*
X30514 *50*
X30515 *50*
X30516 *50*
X30517 *51, 52*
X30518 *51*
X30519 *52*
X30521 *52, 53*
X30522 *53*
X30524 *54*
X30525 *54*
X30526 *54*
X30527 *55*
X30528 *55, 56*
X30529 *56*
X30530 *56*
X30531 *56*
X30532 *56*
X30534 *57*
X30535 *73*
X30536 *57*
X30538 *58*
X30539 *58*
X30540 *59*
X30541 *59*
X30542 *59*
X30543 *60*
X30544 *60*
X30545 *60*
X30546 *60*
X30547 *60*
X30548 *61, 62, 63*
X30549 *61, 62, 63*
X30549 *61, 62, 63*
X30552 *62*
X30554 *62*
X30555 *62*
X30556 *63*
X30557 *64*
X30558 *64*
X30559 *64*
X30561 *64*
X30562 *64*
X30563 *65*
X30564 *58, 65*
X30566 *66*
X30567 *66*
X30569 *66, 67*
X30571 *67*
X30572 *68*
X30573 *68*
X30575 *68*
X30577 *69*
X30578 *69*
X30580 *70*
X30581 *70*
X30582 *70*
X30583 *70*
X30584 *70*
X30585 *70*
X30586 *71*
X30588 *71*
X30589 *71*
X30590 *71*
X30592 *72*
X30593 *72*
X30594 *72*
X30596 *72*
X30597 *73*
X30598 *73*
X30601 *71*
X30602 *73*
X30603 *73*
X30604 *73*
X30605 *74*
X30606 *74*
X30607 *74, 75*
X30609 *75*
X30610 *75*
X30611 *76*
X30612 *76*
X30613 *76*
X30614 *77*
X30615 *77*
X30616 *77*
X30617 *77*
X30618 *78*
X30620 *78*
X30621 *78*
X30624 *79, 80*
X30625 *79*
X30626 *80*
X30628 *80*
X30629 *80*
X30630 *80, 81, 82*
X30631 *81, 82, 83*
X30632 *81*
X30633 *82*
X30634 *95, 96*
X30636 *83*
X30638 *84*
X30639 *84*
X30641 *85*
X30642 *85, 86*
X30643 *85*
X30644 *85, 86*
X30645 *85, 86, 87*
X30646 *92*
X30648 *87*
X30649 *87*
X30650 *87, 88*
X30651 *88, 89*
X30652 *88*
X30654 *90*
X30655 *90*
X30656 *90*
X30657 *90, 91*
X30658 *90*
X30659 *91*
X30660 *91*
X30661 *91*
X30662 *91*
X30663 *92*
X30664 *92*
X30665 *92*
X30666 *92*
X30667 *92*
X30668 *92*
X30669 *93*
X30670 *93*

X30671 *93*
X30672 *93*
X30675 *95*
X30676 *95*
X30680 *97, 98*
X30681 *98*
X30682 *98*
X30683 *98*
X30684 *99*
X30686 *99*
X30687 *100*
X30688 *102*
X30689 *100*
X30691 *100*
X30692 *101*
X30693 *101*
X30694 *101*
X30696 *103, 104*
X30697 *103*
X30698 *103*
X30699 *104*
X30700 *105*
X30701 *105*
X30702 *106*
X30703 *105*
X30704 *106*
X30705 *106*
X30706 *106*
X30707 *107*
X30708 *107*
X30709 *107*
X30712 *108*
X30713 *108*
X30714 *109*
X30716 *109, 111,112*
X30717 *110*
X30718 *110*
X30720 *112*
X30721 *112*
X30722 *112*
X30723 *113*
X30724 *113*
X30725 *113*
X30726 *113*
X30727 *113*
X30728 *113*
X30729 *113*
X30732 *114*
X30733 *114*
X30734 *114*
X30735 *114*
X30736 *115*
X30737 *115*
X30738 *115*
X30739 *115*
X30740 *117*
X30741 *116*
X30742 *116*
X30743 *117*
X30744 *117*
X30745 *117*
X30746 *117*
X30747 *117*
X30748 *117*
X30749 *117*
X30750 *118*
X30752 *118*
X30753 *118*
X30754 *118*
X30755 *118*
X30756 *118*
X30757 *118*
X30758 *119*
X30759 *119*
X30760 *120*
X30763 *119*
X30764 *120*
X30765 *120*
X30766 *120*
X30767 *120, 121*
X30768 *121*
X30769 *122*
X30770 *122*
X30772 *123*
X30773 *123*
X30775 *124*
X30777 *124*
X30778 *124,125,127-129*
X30779 *124*
X30781 *125*
X30782 *126*
X30784 *127*
X30786 *128, 130*
X30787 *128*
X30788 *128*
X30789 *128*
X30789 *128*
X30790 *129*
X30791 *129*
X30795 *130, 131*
X30796 *131*
X30797 *132*
X30798 *132, 134*
X30799 *133*
X30800 *133*
X30801 *134*
X30802 *134*
X30803 *134*
X30804 *135*
X30805 *135*
X30806 *135*
X30807 *135,136*
X30809 *137*
X30810 *137*
X30811 *138*
X30812 *138, 139*
X30812 *138, 139*
X30815 *139*
X30815 *139*
X30816 *139*
X30817 *140, 141*
X30818 *140*
X30819 *141*
X30821 *142*
X30822 *141*
X30823 *142*
X30826 *144*
X30827 *143*
X30828 *143*
X30829 *144*
X30830 *144*
X30831 *144*
X30832 *144*
X33001 *34*
X33002 *34*
X33003 *34*
X33004 *34*
X33005 *34*
X33007 *34, 35*
X33008 *35*
X33009 *35*
X33011 *35, 36*
X33012 *35*
X33014 *36*
X33015 *37, 38*
X33016 *37*
X33017 *37, 38*
X33022 *40*
X33023 *40*
X33024 *40*
X33025 *40*
X33026 *41*
X33027 *41*
X33028 *41*
X33029 *41*
X33030 *41*
X33031 *41*
X33033 *42*
X33034 *42*
X33037 *43*
X33038 *43*
X33039 *44*
X33040 *44*
X33041 *44*
X33043 *44*
X33055 *34*
X33056 *46, 47*
X33058 *35*
X33085 *42, 43*
X33086 *39*
X33096 *45*
X33097 *39*
X33305 *140*
X33306 *141, 143*
X33307 *142*
X33308 *142, 143*
X33309 *141, 142*
X33345 *110, 111*
X33384 *78, 79, 80*
X33385 *45*
X33386 *88, 89, 90*
X33387 *83, 85*
X33388 *87*
X33389 *84*
X33400 *135*
X33401 *116*
X33411 *100-103*
X33412 *64*
X33413 *70*
X33414 *62*
X33415 *71*
X33421 *102*
X33425 *53, 54*
X33445 *137, 138*
X33446 *119*
X33500 *94, 95, 96, 97*
X33501 *97*
X33505 *94, 95, 96*
X33510 *107*
X33515 *100*
X33516 *126*
X33517 *132*
X33518 *125, 126*
X33520 *105*
X33521 *114*
X33522 *107*
X33523 *109*
X33524 *99*
X33525 *65, 66*
X33526 *67*
X33527 *78*
X33545 *83*
X33550 *99*
X33555 *68, 69*
X33556 *69*
X33557 *69*
X33558 *69*
X33565 *61*
X33566 *59*
X33579 *75*
X33580 *72*
X33581 *73*
X33602 *123,124*
X33604 *123,124*
X33667 *58*
X33668 *56, 57*

Symbols

For all goldfish:

But please note the different range of temperature for the individual breeds

continent of origin

simply check the letter in front of the code number

A = Africa   E = Europe   N = North America
S = Latin America   X = Asia + Australia

age

the last figure of the code always stands for the age of the fish

- **1** = very small (fry/small juvenile)
- **2** = small (juvenile/saleable size)
- **3** = medium (sub-adult/good saleable size)
- **4** = large (adult/breeding size)
- **5** = extra large (fully-grown adult)
- **6** = exceptionally large (show specimen)

origin

W = wild-caught   **B** = tank-bred
Z = cultivated form ("man-made" variety)
X = hybrid form

size

... cm = approximate size these fish can reach as adults

sex

♂ male   ♀ female   ♂♀ pair

temperature

- 18–22°C (64–72°F) (room temperature)
- 22–25°C (72–77°F) (many tropical fish)
- 24–29°C (75–85°F) (Discus etc.)
- 10–22°C (50–72°F) (cold/temperate; e.g. North America/Europe)

pH-value

- pH 6,5–7,2 no special requirement (neutral)
- pH 5,8–6,5 prefers soft, lightly acidic water
- pH 7,5–8,5 prefers hard, alkaline water

lighting

- bright, plenty of light / sun
- not too bright
- very dim

food

- omnivorous: dry food, no special requirements
- special diet: live food, frozen food
- piscivore: feeds on (live) fish
- herbivore: requires vegetable food

swimming level

- mid-water/all levels
- upper layer/surface dweller
- lower level/bottom dweller

aquarium decor

- just rocks and substrate
- rocks and wood, caves
- planted aquarium + rocks and wood

behaviour/reproduction

- keep a pair or a trio
- shoaling fish, do not keep less than 10
- egglayer
- livebearer/viviparous
- mouthbrooder
- cave brooder
- bubblenest builder
- algae eater /glass cleaner (bogwood + green food)
- non-aggressive fish, easy to keep (mixed aquarium)
- difficult to keep, read specialist literature beforehand
- warning, extremely difficult, for experienced specialists only
- the eggs need a special care
- § protected species, (WA), special license required ("CITES")
- ~L~ amphibic (needs land part)
- <Bw> brackish water (water + additive salt)
- ~Sw~ marine (lives in the sea)
- <~Sw~ juvenil in the sea (later as well in brackish water or fresh water)
- ~Sw~> juvenil in fresh water (later as well in the sea)
- <~Sw~> as well in the sea and in fresh water (changes!)

minimum tank size

minimum tank size	length	capacity
SS super-small	20–40 cm	5–20 l
S small	40–80 cm	40–80 l
m medium	60–100 cm	80–200 l
L large	100–200 cm	200–400 l
XL XL	200–400 cm	400–3 000 l
XXL XXL	over 400 cm	over 3 000 l

(display aquarium)

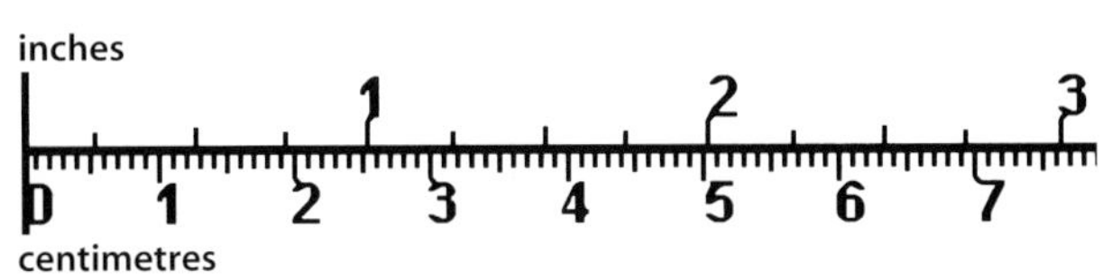

Literaturhinweise
Bibliography

Andrews, Dr. Chris; 1987. A Fishkeeper's Guide to Fancy Goldfishes. Blacksburg, VA

Baensch, Hans A. & Paffrath, Kurt & Seegers, Lothar. 1992, Gartenteich Atlas. Melle. ISBN 3-88244-024-4

Bassleer, G.; 1983. Bildatlas der Fischkrankheiten. Melsungen

Bernhardt, Karl-Heinz; 1998. Goldfische und Schleierwänze. Mörfelden-Walldorf. ISBN 3-931702-46-4

ders.; 1998. Goldfish and Fancy Goldfish. Mörfelden-Walldorf. ISBN 3-931702-45-6

Billardon de Sauvigny, L.E.; 1780. Histoire Naturelle des Dorades de la Chine. Paris

Flauaus, Günther; 1977. Der Goldfisch; Rasse, Pflege, Zucht. Stuttgart 1977≈.
ISBN 3-440-04247-2

Gao Jian-sheng; 1992. Jin-yu si-yang yu ji-bing fang-zhi (Pflegen von Goldfische sowie Vorbeugen und Behandeln der Krankheiten / Keeping Goldfish, as well as Preventing and Treating their Diseases) . Tainan, Taiwan. ISBN 957-517-013-X

Geran, James; 1996. The Proper Care of Goldfish. Neptune, NJ

Hervey, G.F.; 1950. The Goldfish of China in the XVIII Century. Sinological Series No. 3. London, The China Society

Hilble, Robert & Langfeldt-Feldmann, Gabriele; 1990. Goldfische: Anschaffung, Unterbringung, Pflege, Varianten. Stuttgart.
ISBN 3-440-06062-4

Innes, W.T.; 1947. Goldfish Varieties and Water Gardens. Philadelphia

Ishikawa Chûshô (Hrsg.); 1994. Kingyô to ranchû katarogu (Goldfish & Ranchu Katalog). Tokyo. ISBN 4-415-04005-5

Krause, H.J.; 1990. Handbuch Aquarienwasser. Kollnburg. ISBN 3-927997-00-5

ders.; 1997, Handbuch Aquarientechnik. Ruhmannsfelden. ISBN 3-927997-10-2

Kaji Sumio; 1994. Yasashii kingyô no kaikata (Leicht verständliche Pflege von Goldfischen / Keeping Goldfish Made Easy. Tokyo. ISBN 4-638-01465-8

Kottelat, Maurice. 1997. European freshwater fishes. in: biologica. Section Zoology, Vol. 52/Suppl.5

Kumagai Takayoshi; 1983, 1988. Jôzuna kinkyô no kaikata (Geschickte Pflege von Goldfischen / CleverCcare of Goldfish). Tokyo. ISBN 4-88574-703-1

Ladiges, Prof. Dr. W.; . Kaltwasserfische. Melle

Ladiges, Prof. Dr. W.; . Coldwater Fish in the Home and Garden. Morris Plains, NJ

Li Zhen; 1990. Chinese Goldfisch. Peking, Neptune, NJ. ISBN 7-119-00408-5

Man Shek-Hay; 1993. Goldfish In Hong Kong. Hong Kong

Mertlich, Robert; 1995. Goldfisch, A Complete Guide. Neptune, NJ

Mertlich, Robert; 1995. Goldfish. A Complete Introduction. Neptune, NJ

Matsui, Dr. Yoshiichi & Axelrod, Dr. Herbert; 1991. Goldfish Guide. Neptune, NJ

Mayland, Hans J.; 1994. Goldfische und Farbkarpfen. Hannover. ISBN 3-7842-1108-9

Nakamura Masajirô; 1992. Kingyô no Kaikata (Die Pflege von Goldfischen / Goldfish and Their Care). Tokyo. ISBN 4-415-07814-1

Nakamura Masajirô; 1998. Jin-yu de si-yang ° pei-yu fa (Pflege und Zucht von Goldfischen / Goldfish Care and Breeding; chin. Übersetzung des vorhergehenden / chin. translation of the former). Taipeh, Taiwan. ISBN 957-9520-38-0

Norman, Aaron; 1999. Essential Goldfish. New York. ISBN 1-58245-083-8

Orme, Frank W.; 1979,1991≈. Fancy Goldfish Culture. Alton, Hants. England. ISBN 1-85259-007-6

Ostrow, Marshall E.; 1985 + 1995. Goldfish. A Complete Pet Owner's Manual. Hong Kong

Paul, Anthony & Rees, Yvonne;
1986, 1987. Der Wassergarten - Wie man ihn anlegt, bepflanzt und pflegt. London, München

Paysan, Klaus; . Beispielhafte Aquarien. Melle

Pénzes, Bethen & Tölg, István; 1983, 1993. Goldfische und Kois. Stuttgart. ISBN 3-8001-7215-1

Pénzes, Bethen & Tölg, István; 1983. Goldfish and Ornamental Carp. New York.

Reichenbach-Klinke, H.-H.; 1968. Krankheiten der Aquarienfische. Stuttgart

ders.; 1975. Bestimmungsschlüssel zur Diagnose von Fischkrankheiten. Stuttgart

ders.; 1980. Krankheiten und Schädigungen der Fische. Stuttgart

ders.; 1975. Bestimmungsschlüssel zur Diagnose von Fischkrankheiten. Stuttgart

ders.; 1980. Krankheiten und Schädigungen der Fische. Stuttgart

Shiraishi Hikara; 1997. Kinkyô. Kaikata. Sodatekata (Goldfische. Pflege und Aufzucht / Keeping and Rearing Goldfish). Tokyo. ISBN 4-7916-0673-6

Smartt, Joseph & Bundell, James H.; 1996. Goldfish Breeding and Genetics. Neptune, NJ. ISBN 0-7938-0090-0

Si-Ma Kang. 1990. Fu-gui ji-xiang de Zhong-guo zhen-pin - Jin-yu jian-sheng (Reiche und glückverheisende Schätze Chinas - Bewundernswerte Goldfische / Rich and auspicious treasures of China - Appeciating Goldfish). in: Aquarium, No. 3, February 1990, Taipeh, Taiwan.

Steinle, C.-P. & S. Lechleitner; 2000: Goldfische für Gartenteich und Aquarium. Stuttgart. ISBN: 3-8001-7481-2

Teichfischer, Bernhard. 1994. Goldfische in aller Welt. Melle. ISBN 3-89356-176-5

Thien, Heinz; 1986. Blasen- und Himmelsaugen, Drachen- und Tigerköpfe; Unbekannte chinesische Goldfische. in: Aquarien Magazin, 20. Jg., Heft 4, Stuttgart. ISSN 0003-7257

Unbek./Unknown. 1803. Le Cyprin Anne-Caroline. in: La Cepede, Histoire Naturelle. Des Poissons. pp.544ff.

Untergasser, Dieter; 1989, Krankheiten der Aquarienfische. Stuttgart. ISBN 3-440-06048-9

Untergasser, Dieter & Axelrod, Herbert .; 1989, Handbook of Fish Diseases. Neptune, NJ
ISBN 0866227032

Ven, Jo in't. 1977, 1983. Goldfische und Farbkarpfen. Minden. ISBN 3-7907-0137-8

Wang Zhan-hai, Wang Jin-shan, Jiang Ren; 1993. Jin-yu de si-yang yu guan-shang (Goldfische pflegen und bewundern / Keeping and Admiring Goldfish). Shanghai
ISBN 7-5323-3230-6

Wu Hui-Sheng & Fu Yi-Yuan; 1983, 1997. Zhong guo jin yu (Chinesische Goldfische), Tian jin. ISBN 7-5308-2050-8

Ihr Aqualog-Nachschlagewerk

Your Aqualog reference work

Vervollständigen Sie Ihr Nachschlagewerk durch weitere Bücher der Aqualog-Reihe:

Complete this reference work with further volumes of the Aqualog series:

ISBN 3-931702-13-8

ISBN 3-931702-04-9

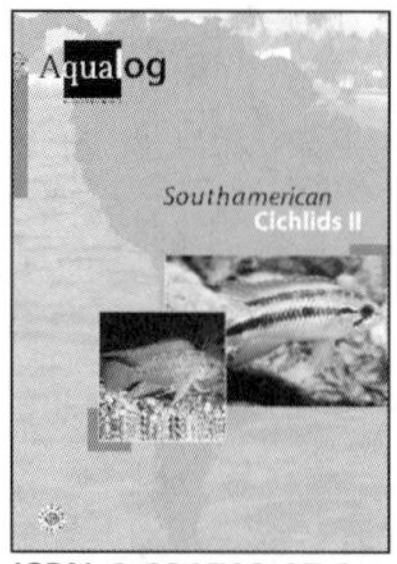

ISBN 3-931702-07-3

ISBN 3-931702-10-3

ISBN 3-931702-75-8

ISBN 3-931702-79-0

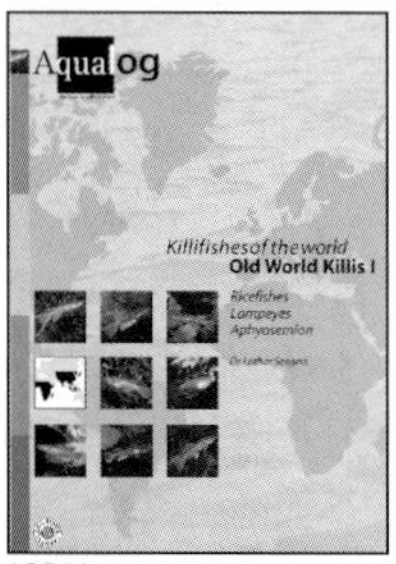

ISBN 3-931702-25-1

ISBN 3-931702-30-8

ISBN 3-931702-76-6

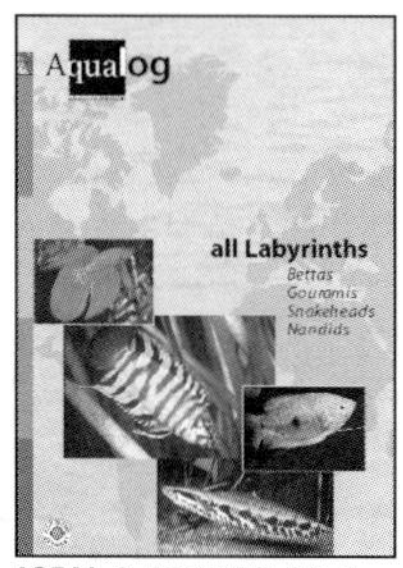

ISBN 3-931702-21-9

ISBN 3-931702-77-4

ISBN 3-931702-01-4

Mehr Informationen direkt bei

For more information please contact

Aqualog Verlag
Liebigstraße 1, D-63110 Rodgau/Germany
Fax: +49 (0) 61 06 - 64 46 92, email: acs@aqualog.de
Internet: http://www.aqualog.de

ISBN 3-931702-93-6

ISBN 3-931702-61-8
(deutsche Fassung)

ISBN 3-931702-60-X
(English edition)

Alle Aqualog-Produkte erhalten Sie im Zoofachhandel und überall auf der ganzen Welt. Wir nennen Ihnen gerne Bezugsquellen.

You can obtain all Aqualog products everywhere in the world. Contact us for addresses.

Aqualognews

Informiert top aktuell zu folgenden Themen:

Up-to-date information on following topics:

- Süß- und Seewasserfische / *marine and freshwater fishes*
- Terraristik / *terraristic*
- Neuentdeckungen / *new discovered fishes*
- Aquarienpflanzen / *plants for the aquarium*

Fordern Sie Ihr Gratis-Exemplar der englischen oder deutschen Ausgabe beim Verlag an!

Order your free specimen copy of the German or English edition at the publisher!